纸包装结构优化设计研究

——创新思维与探索

魏风军　著

北　京

冶 金 工 业 出 版 社

2020

内 容 提 要

本书共分 8 章，主要内容包括：绪论，包装设计及其创新发展，纸包装结构设计基础及其优化设计美学，纸包装结构优化设计的主要内容，纸包装结构优化设计创新研究及其应用，基于物流运输的纸包装结构优化设计探索，低碳设计理念下的原生态纸包装结构优化设计创新研究，结论。

本书可供高等院校包装工程专业的师生阅读，也可供从事相关专业的人员参考。

图书在版编目 (CIP) 数据

纸包装结构优化设计研究：创新思维与探索/魏风军著 . —北京：冶金工业出版社，2019.7 （2020.1 重印）
ISBN 978-7-5024-8163-6

Ⅰ . ①纸… Ⅱ . ①魏… Ⅲ . ①包装容器—包装纸板—结构设计 Ⅳ . ①TB484.1

中国版本图书馆 CIP 数据核字 （2019） 第 144893 号

出 版 人 陈玉千
地 址 北京市东城区嵩祝院北巷 39 号 邮编 100009 电话 （010）64027926
网 址 www.cnmip.com.cn 电子信箱 yjcbs@cnmip.com.cn
责任编辑 俞跃春 美术编辑 郑小利 版式设计 禹 蕊
责任校对 郑 娟 责任印制 李玉山
ISBN 978-7-5024-8163-6

冶金工业出版社出版发行；各地新华书店经销；北京中恒海德彩色印刷有限公司印刷
2019 年 7 月第 1 版，2020 年 1 月第 2 次印刷
169mm×239mm；9.75 印张；189 千字；149 页
78.00 元

冶金工业出版社 投稿电话 （010）64027932 投稿信箱 tougao@cnmip.com.cn
冶金工业出版社营销中心 电话 （010）64044283 传真 （010）64027893
冶金工业出版社天猫旗舰店 yjgycbs.tmall.com
（本书如有印装质量问题，本社营销中心负责退换）

前　言

随着现代包装业迅速发展，包装的应用呈现多元化趋势，包装的目的不仅是保护商品，更成为吸引消费者注意力的载体。目前，生态包装设计成为现代包装业发展的方向，其中纸包装显得尤为重要。

纸包装作为包装设计中最常使用的材料之一，无污染、可降解、成本低、易加工、结构变化丰富，是可以循环利用的环保材料，对实现可持续发展有着重要的意义，在很长时间内应该会有很好的应用前景。为使包装增强吸引力和个性，更好地满足消费者的需求，纸包装结构优化设计成为当前包装行业重点探索的课题之一。

本书以包装设计基础理论为切入点，主要探讨包装设计的流程、构思与定位原则，纸包装结构设计基础及其优化设计美学，纸包装结构优化设计的主要内容，纸包装结构优化设计创新研究及其应用，基于物流运输的纸包装结构优化设计探索以及低碳设计理念下的原生态纸包装结构优化设计创新研究相关内容。本书主要有三个方面的特点：第一，理论是基础。全书以现代包装设计的基本理论为重点内容，本着循序渐进的原则，由浅入深加以展开。第二，设计理论新颖，结构变化多样，图形直观易懂。第三，整体结构完善，理论方法与具体图片相结合。

本书的撰写得到了业内许多专家学者的指导和河南科技大学包装工程系卢斌伟、姜明杰、赵含宇、苗艳芳、葛瑞红等部分学生的帮助，在此表示诚挚的谢意。

由于作者水平所限，书中不妥之处，敬请读者批评指正。

作　者
2019 年 3 月

目 录

第一章 绪 论

纸包装是产品包装行业领域中重要的组成部分。纸包装具有很多优点，如成本低廉，便于加工，适于精美印刷，可大批量加工生产，在使用过程中重量轻、易于成型、方便折叠，所以在产品包装领域中应用特别广泛。

第一节 纸包装材料概述

纸质包装是指以纸和纸板作为原材料制作而成的包装。纸包装的原材料成本较低，而且生产所需的原料来源非常广泛，和其他的包装材料相比是最优惠的。另外，纸包装还具有材料易降解、有利于环保的优点。在当今市场轻量化、重环保的环境下，各领域都提倡使用纸质材料的包装，包装行业为适应多种产品的需求，也在努力研发可以代替塑料薄膜的纸包装制品，以满足防潮、保鲜等功能。

一、纸的产生及其在包装上的应用

作为纸包装的原料，纸的出现是人类文明的一大进步，对社会文明进程起到了巨大的推动作用。中国的四大发明之一造纸术，是人类文明史上的杰作。由于纸的出现，产品包装所需的材料逐渐由成本昂贵的绢、锦等变成纸，而采用纸包装也已有悠久历史，例如中药用纸来包装的记载出现在古籍《汉书·赵皇后传》中。随着后续产品包装的发展，在商业活动中，纸包装被大量地运用于食品、药品、纺织品、化妆品、染料和小件物品的包装上。

随着造纸术的出现和发展，东汉时期逐步出现了早期的印刷形式——拓印。目前所保存下来的拓印资料，是早期的印刷品。我国印刷术在早期主要采用雕版印刷的方式，至隋唐时期已经发展得非常成熟。现存最早的雕版印刷品之一是发现于敦煌莫高窟的《金刚经》，其刻印于公元868年，具有版面工整、印刷精美的特点。至宋朝时期，我国的雕版印刷技术已经到达顶峰，各地陆续出现了各种大规模的刻印中心，使得大批典籍得以问世。世界上最早的纸币"交子"也出现在这个时期，它是通过木板雕刻印刷而来的。

随着印刷术的发展与完善，商业对其的运用也愈加广泛。在当时，商家已经习惯于在包装纸上印上自己的商号、宣传语以及吉祥图案等。对于纸质印刷品包装，我国现存最早的是北宋时期山东济南刘家针铺的包装纸，其纸面四寸见方，采用铜版印刷，纸面的中央是一只兔子，上方横版写着"认门前白兔为记"，下方印着"收买上等钢条，造功夫细针，不误宅院使用，客转为贩，别有加"等店铺广告句。这样的包装纸整体图形鲜明，吸引人，文字简明易懂，容易让人记住。这些特点其实已经具备了现代包装的基本功能，起到了一定的促销作用。

造纸技术出现巨大进步是在 19 世纪，进步的标志是大量的印刷复制工作可以在短时间内完成。早期的制纸机出现在 1803 年，是由英国的富德林那兄弟经过多年探索设计的。到 1860 年，高速机开始出现，此时年产纸张已高达 1000t/台。

欧洲雕版印刷的出现，比我国迟 600 年。随着商业贸易的发展以及各国之间的频繁交流，中国的印刷技术传到了欧洲。1450 年前后，德国开始利用铅活字印刷书籍，但是早在 400 多年前我国就已经开始使用泥活字印刷。在印刷技术的提升和改良方面，欧洲之所以易于中国，是由于欧洲的文字字母比汉字要少，所以活字印刷术得以在欧洲国家快速传播，同时在大范围内应用。其快速发展对当时资本主义的快速发展起到了非常大的促进作用。印刷技术的全盛时期出现在 19 世纪初期，当时的产品包装业开始使用先进的印刷技术，各种纸盒包装使用彩色印刷，使得商品包装色彩鲜明、印刷精美，可以快速吸引顾客的眼球。另外，印刷技术的飞速发展，使得包装纸盒表面印刷的内容更加丰富，从而可以将商品信息直观地展示给客户，这也标志着产品包装行业中的纸包装进入了高速发展时期。

二、纸质材料类别划分

（1）白纸板。白纸板的质地比较紧密、坚硬，薄厚均匀，纸面光洁平滑，在印刷中表现出很好的适应性，且成本低廉，所以应用范围较广。

（2）铜版纸。可分为单面和双面两种，主要由木、棉纤维制造而成，在纸的表面涂有一层白色的涂料，整体纸面洁白平滑。铜版纸具有较好的防水性能，在多色套版印刷中较为适合。

（3）胶版纸。可分为单面胶版和双面胶版两种，更适用于单色凸印或者胶印。胶版纸的纸面也具有光滑洁白的特点，但是与铜版纸相比，其在白度、光滑度以及印刷性能等方面都略显逊色。

（4）卡纸。可分为白卡纸与玻璃卡纸两类。白卡纸的应用较为广泛，它的纸质坚硬挺括，纸面洁白平滑；而玻璃卡纸则完全不同，它的表面富有光泽，价格也较为昂贵，一般多应用于高档产品的外包装设计。

（5）艺术纸。这类纸张一般只用于高档商品的包装上。艺术纸拥有比较丰富的色彩，而且纸面往往带有不同肌理。在加工制作的过程中，艺术纸的工艺较为特殊，所以价格也比较昂贵。另外，由于艺术纸的纸面都是凹凸纹理，如果使用油墨印刷，图案无法均匀地附着在纸面上，所以这类纸并不适合采用彩色胶印。

（6）再生纸。一般作为包装用纸，由于成本较低，所以非常受欢迎。作为一种绿色环保型用纸，再生纸的纸质较为疏松，外表类似于牛皮纸。

（7）瓦楞纸。这是用途最广泛的一种纸，被大量应用于商品的运输包装和内包装上。瓦楞纸的优点是坚固、轻巧、耐压、防震和防潮等。按凹凸深度的大小来分，瓦楞纸又可细分为细瓦楞和粗瓦楞两种。一般细瓦楞的凹凸深度是3mm，粗瓦楞的凹凸深度在5mm左右。

除了上述介绍的几种纸张类型之外，还有一些较为特殊的纸张。例如过滤纸、油封纸、浸蜡纸和铝箔纸。一般带泡茶的外包装都采用过滤纸，而对于容易受潮变质的商品，则一般会在包装的内层使用油封纸，以起到防潮的作用。还有浸蜡纸，它是一种半透明、不黏、不受潮的特殊纸张，一般多用于香皂包装，作为内衬纸使用。为了起到防潮的作用，高档产品包装的内衬纸一般会选用铝箔纸。铝箔纸适合使用凹凸印刷，印刷的纸面上会出现凹凸纹饰，这样整体的立体感会增强；其具有防止紫外线照射的功能，耐高温，而且阻气效果好，所以常被用来延长商品的使用期限。

三、纸质材料的应用趋势

随着纸质包装的发展，人们根据纸质材料的特点，研发出了很多新型的纸品材料。

（1）一次性纸制品容器。它应用范围较广，是人们将白板纸进行淋膜处理或者浸蜡处理后制成的各种类型的纸质容器，具有一定的防水性能。目前，这种一次性纸制品容器可以完全代替塑料容器，使用后的废弃物还可以进行回收，重新利用，回收后可以作为第二次造纸的纸浆纤维，这样可大大减少塑料制品的使用，有利于环境保护。世界上最早采用高压高温灭菌食品技术制造的纸盒包装出现在2005年，即Tetra Cart纸盒包装，防水性能好，适用于包装常温下含有水分的流动性食品，它的最长货架期甚至可以达到24个月。

（2）纸包装薄膜。它是一种绿色包装材料，一般被用来替代食品包装中的塑料薄膜，具有绿色环保的优点。如经过防潮处理之后的玻璃纸，可用来包装食品或化妆品。其本身具有非常好的抗裂性、防潮性，生物分解的速度也非常快，所以具有广阔的发展前景。

（3）可食性纸制品。一般用作食品的内包装，或者制作成饮料杯、快餐盒等。它是由植物的蛋白质、淀粉或植物纤维等物质通过加工处理之后制成的。例如将大豆中的植物蛋白提取出来，并进行进一步加工，然后制成薄膜，其具有防潮、阻氧的功能。另外，还可以提取虾、蟹、蚌或者贝类中的壳聚糖并对其进行特殊处理，以制成可食用包装材料，它具有防潮性、耐油性和透明性等特点。

通过上述介绍可知，研发使用各种新型的纸质材料，不仅会给人们的生活带来便利，还有利于保护生态环境，节约自然资源；有利于促进经济与自然和谐进步，增强人们的自主创新意识，从而促进科技进步。

第二节　纸包装结构优化设计研究综述

国内进行纸材设计研究的学者多以纸材造型设计、纸材在某一设计领域的运用为研究主题。纸质包装设计在我国是一个很成熟的领域，研究纸在包装设计中应用的著作主要如下：谭国民的《纸包装材料与制品》，主要介绍了纸包装材料的生产工艺与各种加工技术，纸包装材料各项性能指标检测方法，有代表性的瓦楞纸板和纸箱生产技术与工艺，折叠纸盒、粘贴纸盒与瓦楞纸箱的设计方法；张小艺的《纸品包装设计教程》，此书以指导教学为目的，对纸品包装设计的历史、现状、成功范例作了较全面的论述和分析，列举了100多款独创的纸品包装设计实例，在构思、制作、特性、用途等方面作了精细的讲解；孙诚的《纸包装结构设计》，从理论上叙述了折叠纸盒、瓦楞纸盒等纸包装的结构类型、成型特点、结构计算等；霍李江的《纸盒生产实用技术》，阐述了包装纸盒生产全过程涉及的基本概念和原理，并结合生产实际介绍了包装纸盒生产各环节的工艺、设备、安全生产以及常见问题的处理方法；金卉的《纸盒结构设计》，阐述了包装纸盒结构特点及造型规律，纸盒结构设计的基础知识与基本方法及常用包装用纸，并提供了纸盒结构设计的大量实例图；张幼培的《瓦楞纸制品包装》，主要介绍瓦楞纸板、瓦楞纸箱的箱型、瓦楞纸箱设计、瓦楞纸箱强度计算、瓦楞缓冲包装设计、瓦楞纸箱制造、瓦楞包装的发展等内容。此外，还有周生浩的《纸盒包装设计制作》、邵连顺和王英任的《纸盒包装设计》、刘书钗的《纸和纸板包装材料生产技术》，以及［澳］爱德华·丹尼森（Edward Denison），［英］理查德·考索雷（Richard Cawthray）的《包装纸型设计》等大量著作。上述包装学者大多从材料学、工学、设计艺术学的某一角度对纸材结构特性、纸包装容器制造工艺、纸包装制品设计流程、纸品包装设计实例等内容进行总结性研究，大多缺乏学科间的交融，缺乏对于纸包装结构设计创新思维的探析。

在国内出版的诸多包装设计书籍中，一般只将纸包装设计作为一个章节进行简单介绍，或仅对优秀纸包装案例进行简单分析、归类，而少有学者以绿色理念为主导，以可持续发展思想为核心，对纸材在包装设计中的应用拓展做全面、深入的研究。

国外有很多设计师和学者倾心于纸品设计、纸包装设计创制及研究，如艾婕音、罗伯特·劳申柏格（Robert Rauschenberg）、安塞姆·基弗（Anseim Kifer）、西西·史密斯（KiKi Smith），这些国外艺术家都有以纸或纸浆为材料的作品。对于其中某些艺术家来说，纸材甚至是他们一生创作中的主要素材。英国的保罗·杰克逊，是国际折纸界声望极高的艺术家、剪纸专家，他的作品经常在世界各地展出。保罗曾编写并出版了一系列剪纸与纸艺书籍。如《纸艺大全》，此书分为装饰纸艺、纸制品、手工折纸三部分，介绍了160多种运用粘贴、造型、折叠、组合等方法制作的纸艺作品，包括实用的信纸、礼品包装、贺卡、节日装饰品、趣味折纸等。美国的凯瑟琳·M·费舍尔所著的《创意纸品设计》展示了200多件富有启发性的纸品设计，其中包括功能性纸品设计、空间性纸品设计、朴素纸品设计、再生纸品设计、剪纸纸品设计、印刷纸品设计、混合媒介纸品设计和纸品色彩设计等诸多内容。这些极具特色的纸平面艺术设计，充分利用了纸本身的质地和特性，创造出了丰富的作品。爱德华·凡尼森在《绿色包装设计》一书中阐述了八大环保包装系统，层次明晰，条理清楚。通过该系统，包装产品的生产时期、生产过程以及销售过程都可以得到改善，而改善的效果则由一系列完美的实例来说明。书中实例的质量和效果都足以鼓舞设计业内人士或学生继承他们的"绿色思维"。爱德华·凡尼森认为，要推进积极而明确的变革，设计就是基础。他在该书中指出了存在于设计师和社会公众认知中的许多误区，同时通过宏观的设计理论阐述，树立并推进了包装领域中的可持续性和平衡性发展的观念。

第三节　研究目的与意义

一、研究目的

随着经济的发展和社会的进步，商品交易市场变得空前繁荣，包装在保护产品、促进销售方面的作用也越来越显著。然而现代包装在满足人们消费需求的同时，也带来了很多问题。大量包装材料的使用，消耗了自然资源，同时也产生了大量不可回收的包装废弃物，对环境造成了损害，也威胁到人们的身体健康。因此，绿色环保的包装材料的应用成为现代包装设计发展的趋势。纸质材料因其价格便宜、可塑性强，便于大批量机械化操作，更重要的是分解速度快、可回收利用等优点，作为理想的环保材料而被广泛应用。另外，纸质材料特殊的纹理质感也为产品的包装增添了魅力。

在纸包装的发展中，如何利用其本身特性，结合新材料、新工艺，设计出既能迎合消费者消费心理，又能够兼具企业形象宣传功能的整体性，兼具运输包装的保护性与装饰包装的装潢性包装，成为摆在包装企业和包装工程师面前的一个难题。基于此，本书专注于纸包装结构优化设计，进行创新思维与探索，这是本书的研究目的所在。

二、研究意义

传统包装材料由于受到各方面条件的限制，已经不能满足现代包装追求经济环保的要求，而采用纸质材料进行包装，不仅可以增加商品的附加值，更可以延续商品的生命力。通过本书的研究，归纳总结出优化纸包装结构设计的主要途径、对于产品包装视觉形象的增强、在产品销售方面的促进作用，以及对经济发展与环境保护的重要意义。一方面，其适应了国际潮流与发展趋势，使包装设计向绿色环保型方向发展，有利于循环经济的实现；另一方面，有利于包装形式的多元化发展，有助于开拓设计师的思路。此外，其对于企业转变生产思路，降低生产成本，实现节约型生产具有重要意义。

第四节 主要内容

本书阐述了包装设计及其创新发展，说明了纸包装材料更符合时代的发展和绿色环保的需要，在此基础上，进一步分析探讨了纸包装结构设计基础及其优化设计美学、不同种类纸包装结构的优化设计内容、纸包装结构优化设计创新研究及其应用、基于物流运输的纸包装结构优化设计探索、低碳设计理念下的原生态纸包装结构优化设计创新等，对进一步优化纸包装结构设计方面做了深入分析。纸包装结构设计的优化，对于进一步做好产品的包装设计具有非常重要的指导作用。同时，根据纸质包装材料的特性，选择与之适合的加工工艺，对于提升产品包装的整体视觉形象和品位具有重要意义。

本书主要采用理论结合实践的研究方法，结合笔者多年大量的纸包装结构设计创新探索以及实践经验，对纸包装结构设计的主要构成要素进行分析探讨，找出提升纸包装设计整体形象的方式方法，并加以丰富和补充；同时以具体产品为案例，详究其创新思维与生产流程。

第二章 包装设计及其创新发展

设计是为了让人们更好地享受生活，设计者追求的是产品对人们的服务功能及产品与自然的和谐关系，是在人类科学知识的基础上，满足人与自然、社会之间的多种关系，创造出文化认同和价值认同的产品。包装设计是产品不可或缺的一部分，不仅具有上述一般意义的本质特征，而且还具有某些独特性。正确认识包装设计，不仅是掌握包装设计知识必不可少的内容，而且决定着包装设计的成败、优劣。本章围绕包装设计的主要流程、构思、定位、当代包装设计的创新趋势与发展进行论述。

第一节 包装设计的主要流程

一、调查与分析阶段

调查与分析是包装设计的准备阶段。知己知彼，百战百胜，包装设计要使商品在竞争中处于不败之地，必须对产品、市场销售、包装装潢等情况进行详细了解。调查时既要调查设计对象，也要调查竞争对手，真正做到知己知彼，为后续的设计定位奠定基础。包装设计的调查与分析主要包括以下三个方面：

（1）产品调查。产品调查内容包括产品的品牌与档次，特点与功能，质量与使用价值，生命周期，材料、工艺与技术，成本与利润等。

（2）市场销售调查。市场销售调查包括消费对象调查、供需关系、市场占有量、销售时节、销售方式等。市场调查直接关系到设计定位的决策和设计表现的实施，调查资料应力争充分和准确。

（3）包装装潢设计调查。包装装潢设计调查包括包装材料、技术与工艺，包装形式与结构，表现手法与表现风格，包装成本，存在问题等。

在收集了完整的资料后，就要对收集的资料进行客观的评价和分析，根据分析结果考虑包装造型、包装材料、包装形式、包装的文化内涵等因素，以求准确定出设计方案。

二、设计构思阶段

设计构思是当设计者掌握了调查资料后，对企业的要求、档次、销售对象、竞争对手、所用材料、包装造型等进行综合分析，以便确定如何体现包装设计。

三、设计定位阶段

设计定位主要是解决设计构思的方法，按照商品的属性、档次、销售地区和对象，决定设计因素和格局，进行商标定位、产品定位和消费者定位。也就是说，确定谁卖产品，卖什么产品，卖给谁。

四、草图设计阶段

设计草图主要解决包装的造型、色彩、质感等外观问题。草图是确定最终方案的基础，设计草图时思路要展开，提供各种方案，以便推敲筛选最终方案。

五、施工阶段

包装设计施工阶段的重要成果是形成施工图和效果图。施工图也被称为三视图或制图。施工图要严格按照国家标准技术制图的各项规定，切忌自己编造。

效果图是为了表达设计效果而绘制的图，效果图需要尽可能如实反映制成后的真实效果，要遵循科学性、真实性、艺术性的原则。

第二节　包装设计的构思

构思是设计的灵魂，如何构思没有定式可循，其核心在于包装设计需要表现什么和如何表现，以此来塑造一个理想的商品形象。设计构思必须围绕设计目的展开，所有设计要素都要满足设计目的的需要。这样的设计会给消费者带来瞬间的整体认知和感觉，能够促成销售。设计构思要层层深入，但始终不离设计目的，就像绘画要围绕着立意，由整体到局部再到整体这样的过程进行。

按设计构思的进展程序，可以将设计构思分为以下几类：包装设计的主题构思、包装设计的角度构思、包装设计的表现手法构思和表现形式构思。

一、主题构思

设计主题相当于作文的中心思想，是包装设计所表现内容的重点。包装设计有空间上的局限性，如容积和表面积的大小。同时，包装设计还有时间上的局限性，包装必须在短时间内为购买者认知。这种时空限制要求包装设计不能盲目求全，面面俱到，必须要有主题。

确定主题时，要对企业、消费者、产品三个方面的有关资料进行比较和选择，其目的是提高销量。确定主题的有关项目主要有商标形象，牌号含义；功能效用，质地属性；产地背景，地方因素；售卖地背景，消费对象；该产品与现有同类产品的区别；该产品同类包装设计的状况；该产品的其他有关特征等。这些都是设计构思的媒介性资料。设计时要尽可能多地了解相关资料，以便准确确定设计主题。

确定设计主题时一般可从商标牌号、产品本身和消费对象三个方面入手。如果产品的商标牌号比较著名，就可以用商标牌号为表现主题；如果产品有突出的特色或该产品是新产品，则可选用产品本身作为表现主题；如果产品有针对性的消费者，可以以消费者为表现主题。总之，设计主题的确定要根据具体情况定夺。

二、角度构思

设计角度是设计主题的细化。如果以商标、牌号为设计主题，设计角度则可细分为商标、牌号的形象，或商标牌号的含义。如果以产品本身为设计主题，设计角度可细分为产品的外在形象或产品的内在属性或其他。设计角度的确定使包装设计主题的表达更加明确。

三、表现构思

设计表现是设计构思的深化和发展，是表达设计主题和设计角度的载体。设计表现又可分为设计手法表现和设计形式表现。

（一）包装设计的表现手法构思

设计手法是表达设计主题的方法，常用的设计手法有直接表现和间接表现两种。

（1）直接表现法。直接表现是通过主体形象直截了当地表现设计主题，一般运用摄影图片或开窗式包装来展示产品的外观形态或用途、用法等。也可以运用辅助性方式来表现产品，如运用衬托、对比、归纳、夸张、特写等手法。

（2）间接表现法。间接表现是借助于其他有关事物来表现产品，画面上不出现所表现对象的本身。比如借助产品的某种特殊属性或牌号等。如一些大牌的产品，像耐克、索尼等就可以借助牌号作为包装的外观形象；再如香水、酒、洗衣粉等这类产品无法直接表现，可以借助消费者的感受来表现。间接表现多选用比喻、联想和象征等手法来表现设计主题。无论是直接表现，还是间接表现，都需要选择一个合适的表现形式。既要考虑对主题内容的正确表现，还要考虑到与商品整体形象和设计风格的和谐统一。

（二）包装设计的表现形式构思

设计形式是设计表现的具体语言，涉及材料、技术、结构、造型、形式及画面构成等各个方面。材料、技术、结构受到时代科技发展的制约，选择大于设计。从宣传和促销的角度出发，设计表现形式主要从立体造型和平面表现形式两方面考虑。

（1）立体造型。包装造型是以实用功能为基础的，所以同类产品的包装造型都具有一致性。比如，洁面乳的包装造型多为塑料管状，方便洗脸时挤出，同时方便控制使用剂量。但是包装除了满足实用功能外，还有美化商品、促销商品的作用。

基于此目的，包装造型必须在满足实用功能的基础上有所突破，让人有耳目一新的感觉。包装造型设计构思可以从以下3个方面入手：1）体量的改变。在原有包装造型的基础上进行体量大小和尺寸比例的变化。例如改变商品的体积容量、商品的组合系列、增加内衬、扩大空间等。2）包装形式的改变。例如采用开窗式、嵌插式、增加提手、附加飘带等。3）部分材料与工艺的改变。例如真空吸塑、吹塑、草编及不同材料的组合应用。

（2）平面表现形式。平面表现形式属于包装装潢，主要通过形、色、字来传递商品信息和美化商品，使消费者产生一定的联想和感受。平面设计表现形式中的基本原理和基本方法在包装设计表现中都可以应用。平面图形设计形式构思主要包括：1）图形的选择。在包装装潢设计中，图形要为设计主题服务，图形的选择要以准确传达商品的信息、迎合消费者的审美情趣为目的。具体表现形式可分为具象图形、抽象图形、装饰图形三种基本类型。构思时要考虑是用具象的照片形式，还是抽象的绘画形式，或是装饰图形，或者将其综合使用。2）色彩的选用。色彩具有象征性和感情特征，是最容易引起消费者产生联想和共鸣的视觉要素。色彩可以让人联想到香甜等味觉、软硬等触觉、朴素华丽等心理感觉。构思时要考虑色彩的象征性、色彩的感情特征、色彩的基调、色彩的种类及面积分配等。3）字体的设计。字体可以准确传达商品信息。如商品名称、容量、批号、使用方法、生产日期等必须通过文字表现。构思时要考虑字形的选择，字体的大小、位置、方向，字体的颜色、编排等。要本着视觉传达迅速、清晰、准确的原则设计字体。

现在的包装设计已从单体设计走向了系列化设计，系列化设计是对同一品牌的系列产品、成套产品和内容互相有关联的组合产品进行统一而又有变化的规范化设计。系列化设计的目的是提高商品形象的视觉冲击力和记忆力。在对系列化包装设计进行构思时，要考虑到包装个体之间的统一与变化。例如，保持图形、色彩、文字、编排等形式上的统一，强调材料、造型、体量上的变化；或保持材料、造型、体量上的统一，强调图形、色彩、文字、编排等形式上的变化。但无论如何变化，品牌始终是作为统一的共性特征来进行重点表现的，这在系列化包装设计中至关重要。

第三节　包装设计的定位

包装在满足促销功能时是有一定相对性的，总是针对一部分消费群体需求。所以包装在传达商品信息时要尽量使这些消费群体感到满足。调查这些消费群体的需求点，据此确立设计的主要内容、方向等，是设计定位时需解决的问题。设计定位的意义是把商品中优于其他商品的特点强调出来，把其他包装设计中没有体现的方面突出出来，使包装设计具有创意。包装设计定位是包装设计程序中的一个重要环节，它关系到包装设计的成败。包装设计的定位要坚持以下三个原则。

（1）坚持品牌定位原则。品牌既代表生产者的形象，也代表产品的形象，品牌定位主要指生产者定位，主要包括生产者的经营历史、经营品牌、经营理念、经营策略、声誉、产品宣传方式、文化底蕴等，在做品牌定位时，要突出生产者的优势。

（2）坚持产品定位原则。产品定位的目的主要是找出被包装产品和同类产品之间存在的差异，以被包装产品的独特性作为设计定位点。如产品类别、产品的具体特点、使用方法及场合、价格水平等。

（3）坚持消费对象定位原则。消费对象是指产品的销售对象。消费对象主要包括两个方面：1）人群对象定位，主要指的是消费对象的年龄、性别、职业等。2）心理对象，指消费者的心理需求。不同的生活方式、个性和不同民族、爱好的人心理需求不同。消费心理的多维性和差异性决定了商品包装必须有多维的情感诉求，才能吸引特定的消费群体产生预期的购买行为。

总之，包装设计定位就是利用不同的设计，满足不同人的消费需求。在这里需要指出的是，包装设计定位可以从多个角度入手，但是在表现上不能同等对待，要突出重点。比如，以产品或消费者定位，在表现时或以产品为主，消费者为辅；或以消费者为主，产品为辅，两者不能同等对待。包装设计定位准确与否决定了包装设计的成败，一定要谨慎处理。

第四节　当代包装设计的创新趋势与发展

包装设计经过自然包装、原始包装、传统包装和现代包装时代，迎来了后现代包装时代，这一时期的包装生产几乎都是依靠机器，节省了更多的时间，包装的目标与用途不再单一，包装的关键在于体现丰富多样的文学形式，并反映现代科技的进步水平，包装的作用增加了商品的价值。绿色和环保等词汇会经常出现在包装的方案中，包装的主题正在变得多样化，包装的形式也更加未来化。

一、追求人性化设计

现代社会最明显的进步在于人类对自身生命和舒适感的重视，以及对人性化的追求越来越高。这一点也影响并形成了包装设计的诸多观念和设计思维。包装在满足产品对其的基本需要外，在设计中还必须面对使用者，在开启的简易性、携带的便利性、存储的长久性、尺度的适宜性、使用引导的合理性、平面设计的审美性上都会进行更高的追求，并通过形状、文字、色彩、图形以及技术结构等各个角度的表现去亲和使用者，使其感到舒适、便利。从企业间竞争的角度看，人性化追求提升了企业形象、产品形象；从社会发展的角度看，这是人类生活水准和质量提高的象征，是社会进步的反映。

二、追求社会责任感与道德意识

一般情况下，包装在完成了盛装、包裹、保护、搬运、存储等功能后，绝大多数情况下会被作为废物丢弃，这也是自然环境恶化的原因之一。因此，"绿色设计"的概念逐渐成为舆论的中心话题。由于日益恶化的自然环境所引发的问题越来越多，大众的生态环境保护意识逐渐加强，此现象对包装这一附加物质的设计观念具有直接的冲击，节约与环保等道德层面的文化观念得到普遍提高，反对过度包装、提倡材料环保成为主流思维。天然、可回收、便于清洁、可重复使用的包装开始替代一次性包装对自然的耗费，成为包装设计的新理念和新的追求。绿色设计的观念已经被提升到与人类未来环境、生命攸关的高度来认识了。

环保理念应该成为设计师的常态思维方式，绿色设计是实现人性化设计的根本保障，在满足人类需求的同时，伴之而来的是大量的资源与环境被破坏的问题，这使得人们不得不关注产品在生产和使用过程中资源的消耗以及环境污染问题。减少环境污染和能源消耗是绿色设计的目标，体现了设计师的道德和社会责任心的回归。只有本着"绿色设计"的原则，才能体现出"以人为本"的人性化设计原则。

目前，全世界都在追求本真。由生长于自然界的树木、花草等制作的纸质品，是现今包装生产最主要的材料来源。很多国家在商品包装设计的早期阶段，出现过商品的过度包装状况，随着时代的发展和社会的进步，人们的消费观念正在发生转变，对包装的喜爱标准也在发生转变，包装也受到国际时尚与潮流的影响，开始追求本真。

现阶段，随着我国的社会经济发展和提高，一些政策与法规也在不断改进，人们购买商品时，不再随意、感性，同样包装行业也明确要求禁止过度包装。节制的包装有以下作用：第一，保护作用。从商品的加工包装到售卖，需要经过的程序很多，需要花费的时间很长，从运送与保存的角度来看，商品务必达到完好无损、无变质的标准，才可以交到购买者手中，例如，食品不能出现变质的情况，瓶装的酒水保证是完好无损的状态等。第二，消息的传达要体现出产品外在形象表达不了的信息，例如，人们只看食品通常很难知道这种食品的组成成分，所以，食品在加工和包装的过程中，要把消费者必须知道的商品信息，比如制作材料、添加剂等，借助包装的途径体现出来。第三，满足购买者的视觉感受，经过适度包装以及满足人们的审美观念的产品，其所展现的美一定会被更多的人接受并喜爱。

在增强社会责任感的同时，也要提升道德意识水平。在竞争激烈的商业市场中，在投机心理的驱使下，一些商家或企业在包装设计中采用模仿、抄袭等侵权行为，以期快速地在商品流通中获得高额利润。虽然这是文明社会所不齿的行为，但在目前的社会风气下仍然不可避免此类情况的发生，因此在许多包装中防伪性设计成为必需的环节，这也是一种无奈的选择。因此，除了生产、销售者要遵守行业操守外，设计师的职业道德水准也应提到社会责任的层面上来看待。

三、追求民族化设计

追求民族化设计是为了满足人们的审美观念，民族化包装是原始生态发展以及历史文化产物的成果。无论何种艺术理念，都无法脱离其历史文化背景的影响。人们的生活方式在不断改变，传统的生活方式已经不能顺应社会的需求和时代的发展。在民族化的设计上再添加一些新的结合因子，促进购买者认同并喜爱新的设计理念及商品。在设计理念的创新过程中，不仅要融入新的创新元素，还要保持原有的文化设计理念，尽可能地满足人们的视觉享受以及生活需求。

民族化因子是当今设计领域中至关重要的组成部分和影响因子。设计者们也同样开始重视本国的传统文化，并且将文化与艺术紧密相连，将文化理念与设计理念紧密相融，以期满足人们的视觉感受。每个国家的文化背景都有所不同，所以，偶尔也会出现文化交流过程中遇到障碍的情况，但是，通常这样的情况发生时，会增强打破这种障碍的欲望。所以，在当前的经济发展中，以民族文化为中心的设计理念是完全正确的。

四、追求交互式设计理念与方法

交互设计，是一种创新的设计思想和设计方式，同时也是思维方法的综合运用。建构以用户为中心的方法，同时对此加以发展，并更多地面向设计行为和设计过程。交互设计和传统的设计具有很大的差异，前者重视的是人或者物品，以及人和物之间的沟通关系，然而传统的设计重视的是外在的格局。运用交互理念设计的包装，在重视人们的审美观点的同时，还在乎购买者的购买欲望，并倾向于分析和了解购买者是否喜欢包装的外在形象和拆卸是否方便，无论从包装的外观还是拆卸的方便程度，都尽可能地以购买者的需求为中心进行产品的设计与包装。

包装理念的发展过程不仅仅是审美理念的改变，还有通过科技的发展所带来的使用上的便捷性，例如，智能化的包装，能够对周围的影响因素做出即时性的反应，能够辨别空气中的干燥程度以及温度的高低，还有是否真空包装等。此外，各种各样的形式添加使其变得丰富多彩，例如，有些包装是通过触觉做出反应的，能够使购买者通过对包装的触觉而对产品有更多的了解；有一些食物类的商品，在其包装袋上就能闻到内装食品的味道，这是因为气味被融合进包装袋的某种物质上，这种智能化的包装非常受人们的推崇和喜爱，而且符合包装各方面的标准，尤其是对购买者来说，增加了它的功能价值。但是，这样的智能化设计也存在一些弊端，增加了不稳定的影响因子，可能给购买者方便添加了障碍，例如，智能包装所选取的材料是类似物理材质的光和电、热度和湿度等，由这些材料制成的包装是购买者从来没有接触过的，所以，当购买者面对这种材质的包装时容易不知所措，进而间接地影响购买者对于科技的看法。所以，要重视包装在其形式上的出场顺序，并且将其摆在重要的位置。

在包装的设计过程中，调节人类与科技相处的和谐程度，是将来创造新式包装的必经环节。对此交互性包装完全可以应对自如。在应用新技术的前期，要全面保证整个流程的安全性，以及对材料的检测要确保没有任何问题，期间还要对购买者的需求和习惯进行深度研究，试验购买者使用新型包装的态度和行为，为之后包装的设计提供参考和方法指引。

五、追求包装设计的创新

在信息发达的现代社会，媒体从单一性走向多元性，从静态走向动态，从单向性走向互动性。消费者不再满足原有的包装形态，对包装设计存有更高的期望，包装设计工作面临着新技术环境下的诸多新课题，包装设计的创新成为一种必然。❶

包装设计的多样性是从选料及材质组成上来体现的，该过程增加了人们与包装的交流，比如，一些包装袋完成它的作用后会被人们丢弃或者加工再利用，还有一些包装材料会根据周围的影响因素发生相对应的物理变化，进而体现出它的价值和功能。这些新式的包装正在从根源上改变传统的包装设计理念，也反映了未来包装设计的发展趋势。

在这个求新求异的时代，为满足消费市场的风云变化，包装设计工作在不违

❶ 雷琼. 浅谈绿色包装材料［J］. 山东化工，2017，46（19）：69~70.

背社会公德、法律限制的前提下，应该发挥无限的可能性，不断创新，推动包装设计行业的不断进步。

第五节　本章研究结论

　　本章主要讲述包装设计的文化性、民族化与国际化特征，并在此基础上分析包装设计的未来发展趋势。通过本章内容，读者应该能够站在国际化的理论高度和民族化的角度理解包装设计的发展现状，也能够了解包装设计前沿的发展动态，主要以绿色包装和交互式包装为主。

第三章 纸包装结构设计基础
及其优化设计美学

折叠纸盒、粘贴纸盒、瓦楞纸箱等纸包装，都是将平页纸或纸板作为基础，在此之上加入塑料、玻璃、金属、纸浆模制品等原材料。因为它们各自采用的方法不同、用料不同，所以在成果展示、优化设计上也存在着极大的不同。

第一节　纸包装结构绘图基础

一、纸包装各部结构名称

通常，人们将盒（箱）板面积定义为 LB，也称作板（panel），将 LB 作为一个标准值，其余的数据需要和它进行比较，小于这个数据的称为襟片（flap）。此外，LB 板的名称也是多种多样的，如盖板、底板；LH 板称作侧板；BH 板称作端板。有时会出现插入式盒（箱）盖、盒（箱）底结构的情况，这时，人们把连接盖板或底板的襟片称作插入片（tuck）。

出现侧板和盖板连接的情况时，可以把此时的侧板叫作后板，与后板相互对立的板称作前板。

出现纸包装的多层结构情况时，这时的内部板名称很多，例如侧内板（前内板或后内板）、端内板、盖内板、底内板等。

LH 板、BH 板的集合统称体板。

襟片的种类按其划分标准的不同，类别也是极其多样的：（1）从功能方面可划分为防尘襟片、黏合襟片、锁合襟片；（2）根据连接板的不同可划分为侧板襟片、侧内板襟片、端板襟片、端内板襟片；（3）按盘式纸包装结构划分，将同时连接端板与侧板的襟片称作"蹼角"（web corner）。

纸包装主要结构代号见表 3-1❶。

---

❶　一、二节图表均引自：孙诚. 纸包装结构设计［M］. 北京：中国轻工业出版社，2015.

表 3-1　纸包装结构代号

插入片	T	襟片	F	箱（盒）板	P
盖插入片	T_u	内襟片	F_i	端板	P_e
底插入片	T_d	外襟片	F_o	侧板	P_s

关于如何定位管式纸包装容器的名称，通常可以根据和接头的相对位置依序号取名，根据和体板的连接位置按序号取名，例如盖板（片）、底板（片）。而这样的取名方法也是极其讲究的，需要遵循一系列的规则，例如，将接头连接的体板叫作"板 1"，剩余的部分根据序号编排称作"板 2""板 3""板 4"，将板 x 连接的盖板（片）称作"盖板（片）x"、将板 x 连接的底板（片）称作"底板（片）x"、将盖（底）板 x 连接的插入片称作"盖（底）插入片 x"（见图 3-1）。

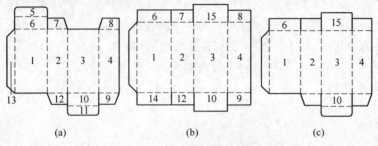

图 3-1　管式纸包装结构名称

（a）反插式；（b）黏合封口式；（c）黏合封口式/反插式

1~4—板 1~4；4，5—盖插片 1；6—盖板 1；7—盖片 2；8—盖片 4；9—底片 4；
10—底板 3；11—底插片 3；12—底片 2；13—接头；14—底板 1；15—盖板 3

板与襟片组成纸包装的面。对于一个长方体纸包装来说，它由盖面、底面、侧（前与后）面及端面组成。

二、设计尺寸标注

（一）尺寸代号

纸包装设计尺寸代号见表 3-2。

表 3-2　纸包装设计尺寸代号

盒（箱）尺寸	内尺寸	外尺寸	制造尺寸	
			盒（箱）体	盒（箱）盖
长度尺寸	L_i	L_0	L	L^+
宽度尺寸	$B_i(W_i)$	$B_0(W_0)$	$B(W)$	$B^+(W^+)$
高度尺寸	$H_i(h_i)$	$H_0(h_0)$	$H(h)$	$H^+(h)$

在表 3-2 中，当箱（盒）盖高度尺寸与盒（箱）体高度相等或相近时，用"H^+"表示，否则用"h"表示。

（二）设计尺寸

（1）内尺寸（X_i）。内尺寸指纸包装的容积尺寸。它是测量纸包装容器装量大小的一个重要数据，是计算纸盒或纸箱容积及其和商品内装物或内包装配合的重要设计依据。对于常见长方体纸包装容器，可用 $L_i \times B_i \times H_i(/h_i)^*$ 或者 $L_i \times B_i \times cH_i(/o)$ 表示。

（2）外尺寸（X_o）。外尺寸指纸包装的体积尺寸。它是测量纸包装容器占用空间大小的一个重要数据，是计算纸盒或纸箱体积及其与外包装或运输仓储工具如卡车与货车车厢、集装箱、托盘等配合的重要设计依据。对于长方体纸包装容器，用 $L_o \times B_o \times H_o(/h_o)$ 或者 $L_o \times B_o \times H_o(/o)$ 表示。

（3）制造尺寸（X）。制造尺寸指生产尺寸，即在结构设计图上标注的尺寸。它是生产制造纸包装及模切版的重要数据，与内尺寸、外尺寸、纸板厚度和纸包装结构有密切关系。从图 3-2 可以看出，制造尺寸并不于纸箱长、宽、高尺寸，且长、宽、高尺寸不止一组，所以不能用 $L \times B \times H$ 表示。

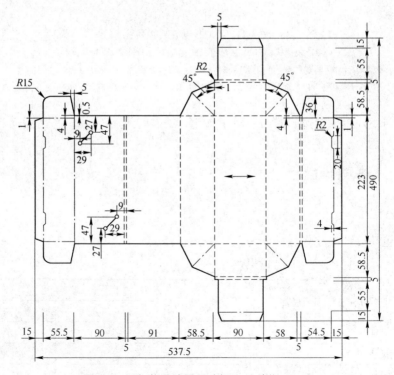

图 3-2　纸包装设计图尺寸标注（单位：mm）

（三）纸包装主要尺寸

长方体纸包装尺寸中，有三个重要的尺寸尤其需要注意：

（1）长度尺寸，即纸包装容器开口部位的"长边尺寸"。

（2）宽度尺寸，即纸包装容器开口部位的"短边尺寸"。

（3）高度尺寸，关于这个高度的确认，需要在图 3-2 长度尺寸、宽度尺寸、高度尺寸这些地方的上部分到达容器底部的垂直测量距离。

（四）盒（箱）坯尺寸与标注

盒（箱）坯尺寸可用下式表示：

$$1^{st}尺寸 \times 2^{nd}尺寸$$

式中，1st 尺寸为与黏合线平行的盒（箱）坯尺寸；2nd 尺寸为与黏合线垂直的盒（箱）坯尺寸。

在纸包装平面结构设计图上，尺寸标注只应从两个方向进行，即图纸的水平方向和图纸顺时针旋转 90°的第一垂直方向。

除非另有规定，尺寸标注单位一般为 mm。

第二节　纸包装结构成型原理

一、结构要素

不论何种材料的包装容器，其结构体都可认为是点、线、面、体的组合。但是，对于折叠纸盒、粘贴纸盒与瓦楞纸箱这类纸包装，由于原料——平面纸板的物理特性，其点、线、面、体和角等结构要素是由平面纸板成型为立体包装的关键。

（一）点

在图 3-3 所示的纸包装基本造型结构体上，有三类结构点：三面或多面相交点、两面相交点和平面点。

（1）旋转点。三面或多面相交点，位于纸包装盖（底）面与两个或两个以上体面相交处，如图 3-3 中的 A，A_1，B，B_1，…，其在纸包装由平面到立体的旋转成型过程中起重要作用。

（2）正-反揿点。两面相交点，位于纸包装盒体部位，在纸包装间壁、封底、固定等正-反揿结构的成型过程中起重要作用，如图 3-3（c）中的 a_0，b_0，a_1，b_1，…。

（3）重合点。平面内的点，可位于组成一平面的各个盒板或襟片上，当旋转成型后，这些点需在同一平面上重合，如图 3-3（a）中盒底面上的 O、P 点。

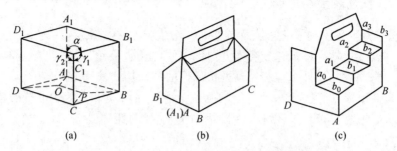

图 3-3　纸盒（箱）类包装造型结构体

（a）旋转成型体；（b）对移成型体；（c）正-反撤成型体

（二）线

从适应自动化机械生产来说，同样是压痕线，可分为两类：预折线（prebreak score）和作业线（working score）。

（1）预折线。预折线是预折压痕线的简称。在纸盒（箱）制造商接头自动接合过程中仅需折叠 130° 且恢复原位的压痕线，或者说当纸盒呈平板状接合接头时并不需要对折的压痕线就是预折线，如图 3-4 的 AA_1、CC_1 线。预折 EE_1 只是为了方便自动折叠成型立体盒。

（2）作业线。作业线是作业压痕线的简称。为使纸盒（箱）在平板状态下制造商接头能准确接合，盒坯需要折叠 180° 的压痕线，或者说当纸盒（箱）以平板状准确接合制造商接头时需要对折的压痕线是作业线，如图 3-4 的 BB_1、DD_1 线。

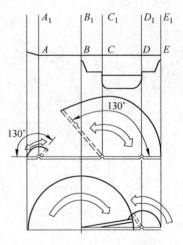

图 3-4　预折线与作业线

作业线的选取原则是纸盒在自动粘盒机上成型过程最简单（平折次数最少）且方便粘盒机自动操作。

（三）面

平面纸页成型的原因，纸盒（箱）面只能是平面或简单曲面。从成型的结果看，可分以下两类：

（1）固定面独立板成型的面，如管式盒盒体侧面与端面、盘式盒底面等，每个板一般应有 2 条及以上压痕线。

（2）组合面由若干个板或襟片相互配合或重叠而成型的面，需要采用锁、粘、插等方法进行固定。这些板或襟片一般只有 1~2 条压痕线。

（四）体

从纸包装成型方式上看，其基本造型结构可分为以下三类：

（1）旋转成型体。通过旋转方法而，平面到立体成型，管式、盘式、管盘式属此类。

（2）对移成型体。通过盒坯两部分纸板相对位移一定距离由平面到立体成型，非管非盘式属此类。

（3）正-反撖成型体。通过正-反撖方法成型纸包装间壁、封底、固定等结构的造型结构体。

（五）角

相对于其他材料成型的包装容器，点、线、面等要素所共有的角是旋转成型体类的纸包装成型的关键。

（1）A 成型角。在纸包装立体上，盖面或底面上以旋转点为顶点的造型角角度为 A 成型角，用 a 表示。

（2）A 成型外角。A 成型角与圆周角之差为 A 成型外角，用 a' 表示，即

$$a' = 360° - a$$

式中　a' ——A 成型外角，（°）；

　　　a ——A 成型角，（°）。

（3）B 成型角。在侧面与端面上以旋转点为顶点的造型角为 B 成型角，用 γ_n 表示。

由于纸包装的结构特性，在侧面、端面与盖面（或底面）多面相交的任一旋转点，以其为顶点只能有一个 a 角，一个 a' 角，但可以有两个或两个以上的角 γ_n。

二、成型理论

（一）旋转成型

（1）旋转角。旋转成型体在纸包装由平面纸板向立体盒（箱）型成型的过程中，相邻侧面与端面的顶边（或底边）以旋转点为顶点而旋转的角度称旋转角，用 β 表示，如图 3-5 所示，在管式折叠纸盒底（盖）组合面

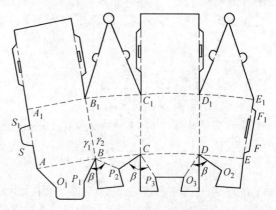

图 3-5　管式折叠纸盒旋转角

的成型过程中，相邻两底（盖）板或襟片为构成 A 成型角所旋转的角度，即等于 β 。

（2）旋转角公式。旋转角公式如下：

$$\beta = 360° - (a + \sum \gamma_n)$$

式中　β ——旋转角，(°)；

　　　a ——A 成型角，(°)；

　　　γ_n ——B 成型角，(°)。

作为特例，如果各个体板的底边（顶边）均在一条直线上，即在公式 $\beta = 360° - (a + \sum \gamma_n)$ 中，$\sum \gamma_n = 180°$ ，则 $\beta = 180° - a$ 。

这类纸包装就是最常见的棱柱体。上式说明在其成型过程中，两体板（或襟片）所旋转的角度等于 β 。

公式 $\beta = 360° - (a + \sum \gamma_n)$ 与公式 $\beta = 180° - a$ 的适用范围：

$$(a + \sum \gamma_n) < 360°$$

（3）旋转角的应用。利用旋转角可以设计：1）组合面相邻体板或襟片上的重合点，如图 3-5 底面上 P_1、P_2、P_3 三点重合，O_1、O_2、O_3 三点重合；2）组合面相邻体板或襟片上的重合线，如图 3-5 底面上 P_1B、P_2B 重合，P_2C、P_3C 重合等；3）组合面相邻体板或襟片上的相关结构。

（二）对移成型

非管非盘式折叠纸包装通过对移，即盒坯两部分纸板相对位移一定距离而成型。

如图 3-6 所示，平面盒坯当沿水平对折线将上下两部分对折后，③号垂直裁切线的左右两部分相对位移距离 B 并部分交错，从而成型为立体盒型。

（三）正-反揿成型

所谓正-反揿成型，就是在纸包装盒体上有若干两面相交的结构点，过这类结构点，即正-反揿点的一组结构交叉线中，同时包括裁切线、内折线和外折线，以该裁切线为界的两局部结构：一为内折，即正揿；另一为外折，即反揿。

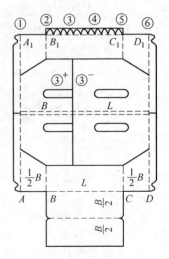

图 3-6　对移成型

正-反揿成型利用纸板的耐折性、挺度和强度，在盒体局部进行内-外折，从而形成将内装物固定或间壁的结构。这种结构不仅设计新颖，构思巧妙，而且成型简单，节省纸板，是一种经济方便的结构成型方式。

图 3-7（a）所示为正-反揿式盒底结构。在过两面相交结构点 o 和 B 的一组线中，a_1b_1 为裁切线，a_1a、b_1b 和 B_1B 为内折线，o_1o 为外折线，通过 a_1a、b_1b 与 o_1o 的正-反揿，使盒底成为一"十字镂空"底。

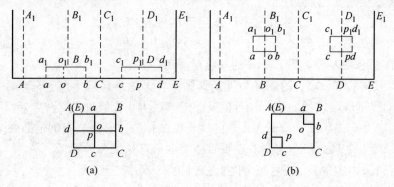

图 3-7　正-反揿结构

图 3-7（b）在盒角处采用正-反揿方法成型"镂空"内凸出物与以这样的结构固定内装物。这里在两条裁切线 a_1b_1 和 ab 范围内，a_1a、b_1b 为内折，o_1o 为外折。

第三节　雅图 CAD 软件技术

一、雅图 CAD 常用基本功能的介绍

（一）视图工具

🔍 放大。

⊞ 选择矩形中心缩放。

🔍 缩小。

✋ 抓图。

👁 视图模式，可以修改一些关于视觉的属性。

（二）几何图形工具

（1）／ ✗ ＼三种工具的用法：

1）直线，可以定点作线，打开右下方小三角后有另外两种直线工具。

2）直接根据显示栏里的 X 与 Y 的偏移量作线。

3）可以直接根据角度和直线的长度作线。

（2）〉〉·〉 四种工具的用法：

1）用起始角度、半径和水平的或垂直的偏移作圆弧。起始角度即为起始点位置处与圆弧的切线与 X 或 Y 方向呈 0~45° 以内的度数，再设定相应的圆弧半径定圆，在设定在 X 和 Y 发布分享的偏移量即可。

2）用水平的和垂直的偏移和半径作圆弧。即这种作线方式是先确定 X 与 Y 方向的偏移量以确定弧的弦长，再根据设定半径大小作线。

3）用中心偏移量、半径和水平的或垂直的偏移作圆弧。先确定圆弧中心点，再设定半径，之后再设定与中心点垂直距离的偏移量即可作圆弧。

4）通过指定的点做圆弧。即三点定圆弧，圆弧起始点、经过点、结束点，分别确定可作圆弧。

（3）□ ⊡ ⊳ 四种工具的用法：

1）按水平的和垂直的偏移量作矩形。先定矩形的其中一个顶点，再设定 X 和 Y 方向上的偏移量。

2）中心点确定的矩形。先确定中心点，再设定 X 和 Y 方向上的偏移量即可。

3）由线作矩形。先确定一条直线，选中该直线后，设定 X 和 Y 方向上的偏移量即可。

4）扩展线。先确定一条直线，选中该直线后，设定偏移量即可。这个工具只能在与选中的直线的垂直距离方向上进行扩展。

（4）⊙ ⊘ ⊙ 三种工具的用法：

1）用中心和半径作圆。定中心，定半径即可。

2）用角度和直径作圆。定角度，定直径即可。

3）用水平的和垂直的偏移作椭圆。定中心，定 X 和 Y 方向上的偏移量作椭圆即可。

（三）调整工具

┐ 直角转倒角，设定角度后，分别选中该直角的两条直角边即可。

✂ 剪刀工具，剪断一条线或弧。

〉 伸展点。移动点和线，圆弧和 Bezier 曲线的结束点。

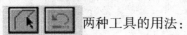五种工具的用法：

（1）修建或延伸两条线到角。

（2）修建或延伸线或圆弧与另外的线或圆弧相遇。

（3）修建内部部分。两个交点之间的部分将被删除。

（4）反向选取物修建或延伸。

（5）延伸指定的线或者圆弧指定的长度。

（四）选择工具

选择工具。

选择与另外项目相同的属性的项目。

两种工具的用法：

（1）只选择设计线。

（2）设计线和辅助线都可选择。

四种工具的用法：

（1）只选择辅助线。

（2）只选择文本对象。

（3）只选择尺寸。

（4）只选择图形对象。

两种工具的用法：

（1）使用多边形。

（2）撤销上一条线。

选择所有项目。

删除工具。

移动到图层。选择目标后可移动到其他图层里。

移动。选择目标后设定角度、长度、X 和 Y 偏移量即可。

四种工具的用法：

（1）右旋 90°。

（2）左旋 90°。

（3）旋转 180°。

（4）固定点旋转一定角度。先选中一固定点，再选中出固定点以外的选中目标的任一点，设定旋转角度即可。

四种工具的用法：

（1）垂直镜像选取目标。

（2）水平镜像选取目标。

（3）垂直镜面被选目标中心。

（4）水平镜面被选目标中心。

（5）沿线方向镜像选取的目标。先选中目标，再选择需要沿线方向的那条线即可镜像。

两种工具的用法：

复制和移动所选取的目标。

选取后如下：

角度：30.00　　　　长度：6.381　　　　X：3.190　　　　Y：5.526　　　　☑ 分配至图层

可以根据要求定义以上的参数。

取项目的多重复制。

放置：　　　旋转：　　　镜象：　　　☑ 分配至图层

选中后参数如上。

四种工具的用法：

（1）复制并把选中的目标右旋 90°。

（2）复制并把选中的目标左旋 90°。

（3）复制并把选中的目标旋转 180°。

（4）复制并根据选取定点设定的角度旋转选取目标。

四种工具的用法：

（1）垂直复制和镜像的选取目标。

（2）水平复制和镜像的选取目标。

（3）垂直复制和镜面被选目标中心。

（4）水平复制和镜面被选目标中心。

（5）复制并沿线方向镜像选取的目标。

⊞ 完成设计从一半/四分之一。

⊞ ⊞ ⊞　　OK 选中目标后，选该工具，从左到右依次为水平对称，垂直对称，关于原点对称。确定后点击 OK 即可。

◆ ▲ 两种工具的用法：

制作选取目标的多重复制（偏移为主）。选中目标后设定复制数量，之后会出现如下参数，可以设置各个参数：

角度：5.00 　▷ 长度：12.322 　→ X：1.074 　↑ Y：12.275 　☑ 分配至图层

结果如图 3-8 所示。

制作选取目标的多重复制（以中心点旋转为主）。选中目标后设定复制数量，之后会出现如下参数，可以设置角度参数：

□ 角度：80.00 　↻ ☑ 分配至图层

结果如图 3-9 所示。

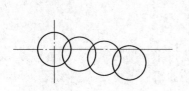

图 3-8　各个参数

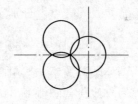

图 3-9　角度参数

（五）辅助线工具

✎ ✎ 两种工具的用法：

（1）由线偏移或圆通过点以一个角度作辅助线。选中点时，设定角度即可定辅助线；选中线时，设定偏移量即可。

（2）从线或圆偏移的辅助线。选中线或圆辅助线，设定偏移量即可。

✖ 按照线以一个角度作辅助线：先选中辅助线，再选中即将要画的辅助线的一点，设定角度即可。

✖ 分割线、圆弧或者是到相同部分的距离；等分辅助线；选中起始点与终点，设定分割的数量即可。

用中心和半径作辅助圆，可参考圆的设计线作线方法作圆辅助线。

把角度分割成相等部分：分别选中该角度的两个边。

（六）调整轮廓线工具

两种工具的用法：

（1）制作水平的或者垂直的线。两条线非水平或垂直时，用此工具可以调为水平或垂直。

（2）水平地或者垂直地对齐。

四种工具的用法：

（1）把几条线合并为单一直线。分别选中要合并的线即可。

（2）把几条线合并为一条圆弧。先选中起始的线，再选中最后一条线，设定圆弧半径即可。

（3）把几条线合并为一条 Bezier 曲线。

（4）合并线到交点。分别选中两条未相交的线即可。

四种工具的用法：

（1）调整圆弧曲率。选中圆弧或直线，设定半径即可。

（2）用直线代替圆弧或 Bezier 曲线。选中曲线后即可变为直线段。

（3）调整一个 Bezier 曲线的控制点。

二、2D 模块创建设计的三种途径

用雅图 CAD 创建设计有三种途径，分别是通过自由绘图创建设计、通过调用盒型库创建设计、通过调用零件创建设计。第一种途径是最自由的，可以创建出你心中所想的任何设计，缺点就是费时费力、稍显烦琐。第二种途径直接就可以创建出成品设计，缺点就是灵活性差，受盒型库限制。第三种途径兼备了前两者的优点，同时将前两者的缺点缩小了。

创建设计首先要做的就是新建文件，然后再进行设计。首先点击文件新建就会发现有四种类型的文件可供选择，分别是瓦楞纸板英寸单一参数设定、瓦楞纸板毫米单一参数设定、折叠纸盒英寸单一参数设定、折叠纸盒毫米单一参数设定。右侧还有瓦楞纸板、泡沫、折叠纸板、普通纸板四种纸板类型可供选择，下方有纸板属性可供查看，如图 3-10 所示。

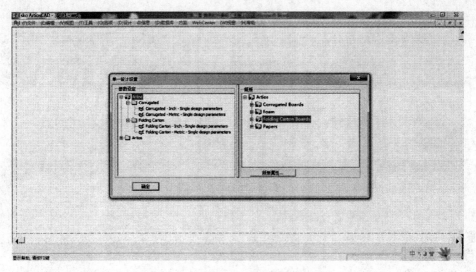

图 3-10 雅图 CAD 纸板属性的设定

（一）通过自由绘图创建设计

自由绘图主要是用辅助线工具、几何模型工具、修整工具等工具条，分别完成辅助结构图绘制、结构图绘制、局部尺寸修整等。

（1）利用辅助线绘制盒体。选择辅助线工具的第 1 个按钮是"辅助线偏移/角度"工具，用鼠标左键单击坐标轴 y 轴，移动鼠标后在状况栏中输入宽度 12mm。然后用鼠标左键单击坐标轴 x 轴，移动鼠标后在状况栏中输入宽度 12mm。绘制结果如图 3-11 所示。

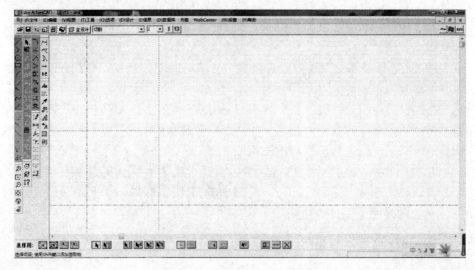

图 3-11 雅图 CAD 绘制结果

知识点：

辅助线偏移/精度工具。辅助线工具条的第 1 个按钮是辅助线偏移/角度工具，点选此工具，选择一个点或一条直线。如果选择了一条直线，则可在状态栏中输入直线与新的辅助线之间的偏移；如果选择了一个点，则可直接输入辅助线沿着该点的角度。

（2）用几何模型绘制盒体。选择直线工具，单击由辅助线构建的点，绘制结果如图 3-12 所示。

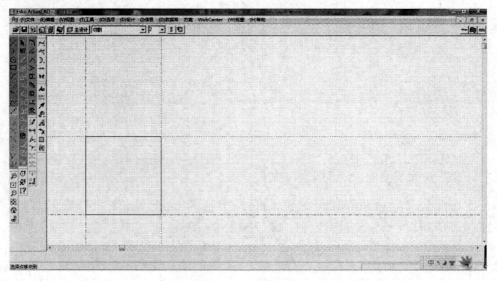

图 3-12　绘制结果

如需要重新选择一个起始点，可以通过单击几何模型工具条中的"移动到点"工具，或使用快捷方式"Ctrl+W"，即可实现从新的点绘制。

知识点：

直线工具。在 ArtiosCAD 里，直线是一个基本的创作结构。任何一个图形都是由直线和圆弧组成的。可利用 3 种工具来绘制直线：直线角度/偏移工具、直线水平/垂直工具及直线角度/长度工具。欲绘制一条斜线，点选直线角度/偏移工具，游标所在点即为直线的起点，在状态栏设定直线的角度及终点的偏移，利用拖曳的方式完成设定后，直线的绘制即告完工。

（3）最后修整。选择修整内部工具，直接单击需要删去的线段。对于可直接删去的线段，选择"选择"工具，按 Delete 键删去即可。某些角可以用"导角"工具，设置导角半径来修整。

（二）通过调用盒型库创建设计

选择"文件"→"盒形图书馆"命令，或快捷方式"Ctrl+2"弹出如图

3-13 所示的标准设计对话框，单击左侧树状菜单选择要使用的盒型，在右侧显示出盒型的结构图。软件提供材料类型和盒型的结构，供设计者选用。

单击"OK"按钮，完成盒型选择操作后，按照提示要求，进行材料选择、尺寸设定和局部参数设定后，即可完成盒型的设计。通常盒型库导入的盒型，需要进行局部调整后才可使用。

（三）通过调用零件创建设计

点击"文件"中的"盒形图书馆"，会出现如图 3-13 所示的弹窗。

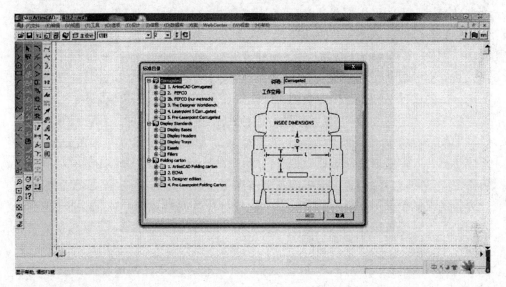

图 3-13　弹窗

盒形图书馆里分为瓦楞、展示架、折叠纸盒三大类，每一类里又有若干分类。

瓦楞共分为五类，经常用的是第二类 FEFCO（国际通用的纸盒/箱标准），用得最多的是其中的 200 Series，而 200 Series 里用得最多的是的 F0201 型的纸箱。

展示架不经常用，一般都是自行设计的才有创意。里面分为五类，也可以看看以做参考。

折叠纸盒共分为四类，前两类分别是雅图自带的和国际通用的，用得比较多；后两类是不经常用的。

三、雅图 CAD 的 3D 功能简介

艾司科的 ArtiosCAD（雅图）是世界上最流行的包装结构设计软件，不像其他通用的 CAD 系统，雅图是特别针对包装行业开发的专业工具，雅图精于包装，具有专业的绘图工具，使设计优秀的包装更为容易。

使用雅图，只需单击一下，就可以看到设计的 3D 视图。即使是很复杂的设计给人感觉也像一个实物样品一样简单。

利用雅图的制造工具，可以轻松地为单个设计创建生产使用的排版和模切版，这样可避免与刀模供应商之间的文件转换错误。为一个真实产品设计包装时，雅图能导入 3D 产品模型并围绕它们创建包装。运用雅图专用的 3D 设计工具，人们能轻松地创建内托和支架，内托上放置产品的孔会自动生成，偏移量也会自动产生。雅图可以帮助人们不断测试包装的结构因而不必用传统的试错方式，它为人们节省的不仅是时间还有金钱，因为它减少了打样的次数，一次就能成功。创建外箱是从雅图内置设计标准库中选择的过程，准确地说有几千种选择，有标准的包装结构，也有 POP 展架，人们只需选择盒型和材料，雅图就会创建合适的设计。利用雅图专业的包装知识，人们所需要的任何偏移量都能自动计算出来，因为这些标准都是参变量，人们可以随时改变尺寸，还可以导入平面设计图稿来看整个包装的 3D 效果。很多包装需要不同组件正确地装配，使用 3D 组装工具，人们能简单而迅速地把它们组装起来。对于雅图来说甚至展示不同的组件也不是问题，想知道标准中能装下多少物品，只需单击一下，雅图就能通过计算帮助人们填满整个装运容器。在 2D 设计中添加撕裂条，它们会自动在 3D 视图中显示，还可以用动画展示撕裂条被撕下的过程，从而看到装运容器是怎样变成一个直接用于销售的托盘的。利用雅图的内置包装技术，能节约几个小时的设计时间，设计作品第一时间就能更精确，降低了成本。使用雅图不仅可以有 3D 思维，更可以进行 3D 设计。

雅图主要用于纸包装的设计。生活中，当人们看到某个产品的纸类包装设计时，能够通过雅图把它画出来，并通过雅图的 3D 功能折叠成型。反过来，当人们看到某个产品时，或者某个产品需要被设计合适的包装时，可以通过雅图来实现。此外，雅图具有种类多样的盒形图书馆，有折叠纸盒、锁底式盒、浅盘等。人们可以从中挑选一个最合适的盒型。

图 3-14、图 3-15 中各个标识的用法分别如下：

选择矩形的第一个角变焦，放大图形的某部分结构。

选择矩形的中心缩放。

在视图窗口的中心缩小。

通过拖曳来放大和缩小。

缩放激活的视图来激活屏幕。

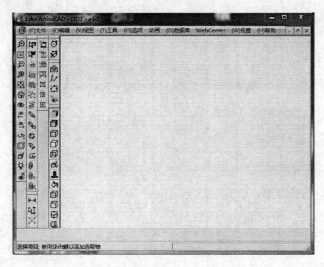

图 3-14 3D 设计（1）

自由平移拖动视图来找到自己想要改动的位置。

改变文档的视图角度和仰角。

向右旋转文件。

抓取最近的前、后、左、右、顶、底视图。

改变在文档的透视量。

改变光源角度或者拖曳灯，双击灯可以调节亮度或颜色。

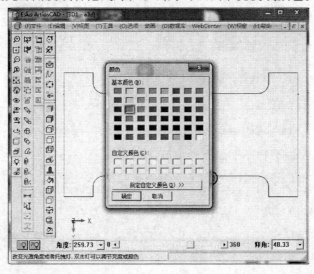

图 3-15 3D 设计（2）

选择设计。

选择便签或部件。

改变 2 折痕使两条线相遇。

改变 1 折痕使两条线相遇。

混合选择的面板。

设定配对区域。

当可能时配对所有的配对区域。

撤销配对区域。

创建尺寸。

选择尺寸。

增加设计操纵点。

清除由延伸工具创建的操纵点。

横断一个瓦楞/折叠纸盒设计，将交叉部分转化为 2D。

在折叠纸盒/瓦楞中做一个横截面设计。

装订盒子设计。

运行标准。

在文件的所有视图中显示固体框。

在文件的所有视图中用嵌入帧来显示立体。

在文件的所有视图中用嵌入帧来显示亮色。

删除所有视图中的隐藏线。

在文件所有视图中显示界限框。

在文件所有视图中展示透视图。

在文件所有视图中展示纸板厚度。

在文件所有视图中显示图像。

在文件所有视图中显示透视图。

☐ 在文件所有视图中显示粉红折线。

☑ 在文件所有视图中显示折叠的纸盒。

▱ 在所有文档中显示阶梯阴影。

▨ 设定 3D 渲染及图片质量。

◙ 横断一个瓦楞/折叠纸盒设计，将交叉部分转化为 2D。

⊬ 在折叠纸盒/瓦楞中做一个横截面设计。

▥ 装订盒子工具。

⊎ 运行标准。

第四节　纸包装结构的优化设计美学

一、纸质包装的材质美

（一）纸包装的材质与技术

包装与材料运用之间，需要设计师对材料有充分的认知及了解，从中发现包装材料的特性，并科学合理地设计包装，从而制作出个性化的包装，这是从事包装设计行业人员的基本素质。

材料与工艺存在着一定的关系，工艺取决于材料，同样对设计起到一定的决定作用；相反，工艺制作也受到材料的制约。因此，设计师对材料进行渲染，并设计出富有质感的产品包装，流露出光滑细腻之美，也可以创造出乡村古朴之貌等，总之，一个好的作品完全决定于材料的选择。

包装在信息化飞速发展的时代，各种信息量通过包装进行呈现，人们也因此步入了图文设计时代，这样就促使多样化的包装工艺不断创新，并推动纸包装设计的快速发展。

（二）技术美对材质的影响

包装设计需以美的法则为基准，充分挖掘包装材料中存在的美学因素。当对其进行运用时，并非仅是图案绘制、形状结构等独立性的特点，而是事关后期影响及实际效果，所以，要十分慎重地选择纸包装的设计材料。纸包装具有成本低、易回收、可循环利用等特征，特别适合量产。因此，行业内开始对纸包装大力推崇，并将其功能加以延展，从而实现防水耐热等功效。

市场对纸的需求量逐日增加，而纸具有的多重优势恰是其作为纸包装的基本特性。从环保的角度来看，纸包装是首选。它不仅可以容纳及保护物品，还能传递商品信息，借助刺激性的文字或图案，激发消费者的兴趣。因此，为了满足市场需求，在复杂的市场环境中，纸包装设计者应该使用不同类型的纸张，以便满足各种包装设计的需求。

像一些内衬浸蜡纸，多应用于香皂包装；过滤纸，多应用于袋泡茶等特殊纸质材料。这些纸张的肌理效果并不相同，视觉效果可通过合理运用不同材料来实现。总的来说，包装既能体现出设计思想的物质基础，又可构成包装理念的物质载体。

关于纸质材料污染，是不可回避的问题所在。纸张生产过程中，容易出现物料、能源及水资源消耗等问题，应该针对纸张生产的过程采取一定的处理措施。尽量避免过度消耗森林资源，尽量使用可回收再利用的纸，使得废纸收集系统的效率得到极大的提高。

（三）新技术在纸质包装中的应用

科学技术在飞速发展的过程中，不可避免地带来了环境污染问题，尤其步入20世纪后，世界的环境问题已经凸显出来，企业和设计师将大量的精力投入到革新纸包装的加工技术中，基于包装的基本运输保护功能、产品设计及流通、回收包装利用等整个过程进行考虑，从而确保在满足基本功能、消费能力及视觉美感，甚至整个包装的生命周期设计中，兼顾环境保护与经济效益。当今，对造纸技术的研发，国内外比比皆是。（1）石头纸技术。这种技术是一种现代新造纸技术，采用碳酸钙、高分子材料及多种无机物加以合成，然后研磨成细微颗粒，最后吹塑成纸。这种技术解决了一系列环境问题，比如能源枯竭、原始材料过度砍伐带来的沙漠化、塑料袋使用后难降解以及传统造纸的高能耗等环境污染问题。这种技术在实际生产过程中无须使用水，也无须添加有机氧化物，相较于传统造纸工艺来说，可以避免"三废"污染。另外，这种技术相对于传统技术，具备成本降低20%的优势，在工业包装、学习用纸及生活用品等方面应用十分广泛。（2）蛤壳技术。这种技术是将水果甘蔗加工制作成糖，然后借助深加工的技术提高糖品的利用率，余下的甘蔗经压碎工序做成蔗渣，然后将其回收制作成可替代传统制品或金属塑料的快餐餐具。这样的一次性快餐碗碟，将蔗渣与别的植物相混合，通过对这些生物材料进行部分烘干而成，成本低廉。不过这种材质在运输过程中需要保持环境干燥，否则容易发生变形。该种产品即使没有回收，将其随手丢弃也不会污染环境，而是会自动降解。（3）非漂白纸技术。缩减造纸过程中的漂白步骤，从而避免漂白过程中出现大量有毒性的"氯"。这样可以避免二氧化氯的排放，从而降低污染。因为从漂白包装到非漂白包装，并非易事。

纸张制造业为了不断满足消费者日益提高的审美水平及造纸工艺发展需求，使其呈现出丰富多彩的特点，像曾经受到追捧的保鲜纸张，就是经化学处理后，添加树脂制造而成的纸张，可起到保护果蔬等食品的作用。另外，像一些感温纸张，这种包装的优势在于，可以随外界温度的变化，对食物进行合理储藏；有的经过特殊处理将纸张湿润后，由不透明变成透明，这样消费者可以透过包装看到包装内部的物品，又或者保持干燥状态，对不透明加以恢复，从而创造出有效避光的感水纸张等，以上纸张都是高科技研发的必然产物。

再生纸浆及再生纸，不管是外观还是强度，其再生材料的再生性都比不过原材料，不过，这种再生性材料拥有肌理的设计感。对于包装设计师来说，他们习惯用简单的材料替代那些可持续性材料，为了包装而包装，对包装本身的产品特性并不关注。就像一些鸡蛋包装，使用纸张做成蛋托，以防鸡蛋破裂，受到了消费者的推崇，而对于土鸡蛋的包装，国外体现得比较明显，通过使用纸张对鸡蛋包装进行设计，结合包装质感与鸡蛋圆滑的外形，将文字印制其上，从而给人舒适的视觉感，这种设计后来也延伸至果蔬包装领域。

精细包装的特点之一，注重平和度和质感，通常借助先进的特殊设备、模具工艺及特殊表面处理技术，凸显出不同的表面效果，像仿木纹、亚银及仿金等。产品的附加值因为特殊造型及精细化特点得到明显提升。这种产品包装常应用于巧克力盒、玩具盒及圣诞礼盒等。

经过对包装外表进行设计处理，呈现出个性化富有亲和力的外观，增加了消费者的好感，让人印象深刻，特别像那些纯色的包装，因其环保效果常令人耳目一新。

人类对纸的研究，使其具有表现性，并将材料表现出的肌理性以丰富的形式加以设计，从而使不同材料产生不同的气质，这样兼具产品美感及艺术效果，设计师可将纸包装在产品中继续使用，并成功应用于商品包装。由此可知，纸材料市场的前景，未来可期。

北京的冰糖葫芦和上海大白兔糖果等，其包装外层附着有一层糯米纸，而内部则是使用玉米淀粉中海藻酸钠及壳聚糖复合包装膜（纸）制作而成，延展性及张力、耐水性较好，通常应用于糕点、果脯及糖等方便食品的内包装中。

当今食品的内包装主要有：（1）混合淀粉和大豆蛋白的产品包装膜，具有阻隔氧气、保持水分、脂肪类食品营养价值等功效；（2）从贝类中提取壳聚糖，然后融合月桂酸制造成可食性薄膜，常用于包裹果蔬类食品，从而起到保鲜作用；（3）以豆浆中的豆渣为原料，将其制作成包装纸，广泛应用于食品、面包及调味品等的包装中，这是种遇热即用的包装；（4）混合淀粉、虫胶的包装纸或涂层，具有一定的耐水耐油性，可用于快餐食品的包装。

消费者容易被那些醒目的包装所吸引，而包装具有一定的短时性，用完即扔，这就需要通过一种技术来确保其使用寿命。各国市场也在开始使用高科技对包装进行创新设计，比如，纸质无菌纸盒、可降解塑料包装等。对包装设计的方法进行探索，促进设计带动社会的发展，这是当下包装设计师的使命所在。

设计思想及风格的形成得益于设计师对包装设计中材料的运用。材质不同，质地不同。化学成分及物理特性构成了材料本身的属性，设计师可以对其进行合理的设计，从而制造出感情色彩浓厚的产品，培养消费者的审美质感。应使包装的使用价值通过材料的内在及外在美、得以充分体现出来。简单地将各种材料进行堆砌，这是设计中最需避讳的。正确的设计理念需要以材质的本质美为基础，创造出无限的设计空间。

二、纸质包装的工艺美

随着纸质包装在现代生活中的普遍应用，人们对纸包装的要求也越来越高。为了满足不同人群的多种需要，商品的纸质包装也呈现出多样化的发展趋势，不仅要具有实用效果，同时需要兼具审美价值。商品的纸质包装经过前期的设计定位，然后通过技术与设备的加工呈现出最终的效果。因此，可以认为纸质包装的工艺美，是由技术与设备所构成的。在生产加工的过程中，纸质包装的加工形式多种多样，而采用的每一种形式都具有不同的特点，然后结合不同的材质最终呈现出各种不同的效果。因而设计师需要了解每款包装的设计意图，根据其不同的需求来选择最合适的加工工艺，这是使纸质包装呈现出工艺美的关键之处。在纸质包装的设计过程中，采用的最频繁的方式是位置容器的基本造型纸盒的变形，通过设计过程中添加一些特种结构和印刷工艺，能够充分利用工艺技术生产加工出更多充满个性与魅力的包装产品来。

（一）纸质容器造型设计

人们通过对结构进行设计，然后用纸材料创作出各种器物，这种工艺就是纸包装容器造型设计。纸包装容器一方面需要满足消费者在物理层面的实用需求，另一方面还要考虑生产厂家在生产过程中对成本进行控制的需要。简单地说，就是在生产加工的过程中，既要满足经济实惠的要求，同时还要产生视觉美感，兼具审美愉悦的效果。现如今在商品经济社会中，大部分产品更多的首要买点都集中在外包装是否美观有特色，这就要求设计师们需要根据具体的诉求，开展有针对性的设计，从而才能满足消费者们逐渐提升的品位和多元化的价值观。

针对以上提到的不同诉求，这类设计为了能够获得较好的视觉效果，就要更多地考虑组合空间及环境空间的合理性，要借用纸容器特有的立体形态对表面进行装饰，使产品的包装造型更有特色，彰显出设计自身的独特性。

（二）纸质容器基本结构形式

纸包装在实际应用中是最为普遍的。它具有灵活的结构，而且拥有非常强的形式感，在使用中具有十分丰富的变化。纸包装在陈列中也能体现出较多的优势，可以根据大小不同的包装，通过集散、堆叠、组合等多种陈列形式的变化，对包装的设计方法进行改变，在陈列时设计出一种比较强的统一视觉形象，并将其呈现给受众群体，让消费者借助视觉对产品产生较强的记忆。

在加工过程中，纸包装按照其使用场景的不同，可以制作成多种形态的结构，一般常见的纸包装形态有纸盒、纸筒、纸箱、纸袋等。目前市面上最常用的产品外盒以纸盒类产品居多。纸盒类包装具有多变的外形，在设计形态上应该以基本几何形态为基础。基于纸质材料容易成型的特殊性，通过折叠或是裱糊可以进行造型。

（三）纸盒形态的工艺美

外包装对于产品销售本身会起到一定的促进作用。根据使用需求及设计的独特要求，折叠纸盒和固定纸盒都需要根据基本型然后再进行多种变化，从而达到符合每款产品特征的自有形式。这样在消费者购买产品时，进行同类商品的对比后可增加选择机会，因而技术美得到传播，同时审美附加值也会提升，而且会刺激消费者的购买欲望。

下面具体分析纸盒的工艺美。

第一种是摇盖式。摇盖式的特点是由平面伸展开为一张纸，它开启的盖子一侧与包装盒的盒体相连接。这种工艺在制作时较为简单，在开启时又较为方便，但是它存在的不利因素主要是密封性差，一般在商品运输过程中，由于挤压碰撞等原因，盖子很容易被打开，导致商品散落。因此，如果所装商品的自身的质量比较重，就不太适合使用该种包装，比如食品、药品等商品。当然，这种技术也有很多种形式，目前市面上的商品大都会使用一到两个包装物来包裹商品，采用摇盖式相对比较简单，尤其在后期加工过程中，对于装盒的机械化流程又非常容易。开盒成型使用预先已经制作好的盒子，然后填入物品，在填充的过程中，一般如果是单件或多件物品填充，多会采用横向侧填的方式；如果是固体流动性的物料，就要采用直立填充的方式，有一点需要特别注意，液体物料装盒时，尤其要留意其密封性，首先以衬袋纸盒进行填充，最后经过封盖后制作出成品包装。

第二种是天地盖式。这种包装比较普遍，天地盖式的特征是它的盒身和盒体分为上下两部分，两部分的结构和形状是一样的，盖子的直径比盒身的直径略大一些，上下相对一扣而成，它的组合形式是两个套在一起。这种工艺对纸张的要求是不同的，大部分是由纸板粘连然后制作而成。这样的制作，包装本身的自重会加大，所以在携带上不是特别方便。因此为了便携，这种类型的盒子一般在设计上需要添加一些附加的装饰（比如绳子、丝带、包装袋等），这样可以加强对产品的保护。一般选择这类展示型包装的产品多为巧克力、鞋类等商品。

第三种是台式包装。这类包装的使用场景一般是作为展示型外壳使用，将产品放置在包装盒内，然后在内盒的底部利用一些附属物把产品固定住，盖子的设计可以是以上提到的两种形式采用的盖子。台式包装的展示形式非常适合高档产品，比如手表、香水、珠宝等的外包装。台式包装在设计上与开盖式包装一样，它的盒体是采用纸板粘连技术，然后根据产品设计的要求，考虑产品的重量来选择用哪种厚度的纸板进行加工制作。通常，这类盒子选用的纸板都比较厚实，一般为了方便携带，同时会配上手提袋。

第四种是窗式包装。窗式包装顾名思义，它的特点就是在盒身的某一处开洞，像一扇小窗一样，这样的设计可以让人们非常清晰地看到盒内所装的物品，对于开窗部位的形状一般都是根据视觉效应来设计的。在对外包装设计的过程中，更多应考虑到如何更好地体现出艺术的"五感"。所谓艺术的"五感"就是在艺术设计上要打破单纯依靠视觉进行信息的接收处理形式，进而延展到更多地依靠听觉、味觉、嗅觉、触觉等领域，就是利用"五感"的方式来进行更深层次的观察和理解，然后得到更多的感触。这种方式用在艺术设计领域中能够实现更加良好和有效的沟通，对于艺术设计的创作和艺术设计的呈现效果可以有更大的提升。由于这种形式相对比较自由，所以一般包装的产品主要以食品、玩具、生活用品等为主。以食品类产品来说，本身食品可以通过外在的形状和食品散发的美味刺激消费者的购买欲望，这种窗式设计就可以让消费更加透明，从而促进购买。这种包装设计一般都会与悬挂式结合在一起，将产品悬挂在货架上，不过，这要求产品的重量比较轻。常见的有手机套、袜子等产品。

第五种是姐妹式。姐妹式包装一般都是使用两个单元以上的基本型组合而成；同时这种包装总有一面是和其他靠近的面相连在一起的，在没有展开之前是一个整体。这种类型的设计一般都是和展开式或开窗式的形式相互结合完成的，它既能节省空间又充满趣味性，两种功能相互结合，多应用于儿童用品、电子产品等的包装。

第六种是抽拉式。抽拉式的特点是包装由两部分组成，内盒用来盛放产品。它的结构可以选择五面的敞开式，也可以是一个完整的基本纸盒形式，在外部套一个纸盒套，然后通过底部开口或上下都可以开口。视觉的感觉就是像生活中的抽屉一样，使用起来非常方便。过去像例图中这种类型的肥皂盒，就是把一般的纸盒做成摇盖式，而现在采用抽拉式就可以大大提高它的利用率，将肥皂取出后还可以用来存放一些小物品，把它当作收纳盒来使用。现在的包装在设计上还可以对内盒经过技术处理，达到防潮防水的效果。这样的包装盒，其实可以将它当作一个便携的肥皂盒来反复使用，例如，在短途旅游中使用，而且方便携带。

第七种是手提式。手提式包装在设计上会产生手提效果，这个手提效果既可以和盒体设计成一体，也可以另外附加。这种结构设计非常好，消费者使用时也非常便利，另外也可以节省资源。当然这款包装在设计上尤其需要特别关注的是它的负重能力，如果内装产品比较重，就一定要注意提手的牢固性。

第八种是易开型。这种包装的特点是拥有一种能够半自动开启的模式，比如，可以运用已经做好的切痕，然后拉取开口部位，直接将其撕开。或者利用纸板本身具有的弹性作为开启手段，这种新技术大大地提高了用户在使用过程中的便捷性。

第九种是异形式。异形式的特点是能够给人一种比较独特的视觉造型感，利用多层的设计形式，将边、角、面进行改造，最后完成的效果极富想象力。当然这种设计不只依靠单纯的形式，还需要加强更多的装饰性。比如借助光圈、仿生、旋转、多面体等增强效果。

（四）包装表现形式的多元化

现在的商家，为了提高产品的销量，一般都会对产品进行过度包装。因此，目前的过度包装，在包装界已经是一个不可忽视的问题，很多产品选择的包装华而不实，这样无形地增加了成本，同时又浪费了原材料。因而在包装设计中，应该更加理性，重点关注如何进行合理的结构设计，同时又不失美观。

在包装的结构设计上，应该选择简约又极具美感的设计，同时还要具有很强的市场竞争意识。在设计上应该更多考虑使用过程中的便捷性，利于包装的开启，最好能够达到无障碍设计。因此，需要将包装结构设计和人体工程学原理相结合，充分展示出包装的审美功能。

在设计结构时，应该采用简化设计的标准，比如"不用黏合剂的包装"就是简化设计的一种形式。这种形式整体上不使用粘贴面，而是通过设计后的本身结构，相互穿插然后成型；在包装使用完后，又可以恢复成纸板的形状，这种方式其实可以大大减少回收过程中的运输成本和包装所占的空间。❶ 当然，对于这种设计不仅要求结构简化，同时还要兼具设计性。比如灯泡这种产品，它本身非常易碎，但是它又是生活中的消耗品，所以，在设计包装上就要考虑两点——对产品的保护性和包装的低成本。因为灯泡作为易耗品，如果它的销售价格过高是非常不易让消费者接受的。在美国旧金山州立大学，有学生就设计了一款灯泡的包装，它是将三支节能灯泡包装在一起，这种三支装的包装设计，就是使用最为普通的纸板设计出一种牢固的包装造型。

现如今随着社会的进步、生态文明的发展，人们的环保意识开始增强，白色垃圾逐年减少，很多的购物场所在打包时开始更多地采用环保纸袋来替代塑料

---

❶　魏风军，贾秋丽，刘浩. 绿色包装领域核心文献、研究热点及前沿的可视化研究［J］. 包装学报，2016，8（4）：1~7.

袋。如果人们使用完又不想将它丢弃时，那么设计师就应该考虑将环保袋进行创造性的趣味设计，让这些纸袋既精美又实用。有一个美国的牛仔裤品牌曾设计了一款购物袋，在设计上考虑到将乐趣和功能巧妙结合，人们将产品买回来以后，装产品的包装袋就可以再次发挥利用价值，人们可以通过裁剪折叠，一个包装袋就可以变成一个个小物品，比如尺子、日历、笔筒、书签等。这种类型的纸袋在设计上不仅具有一定的互动性，同时还能让消费者在无意识的情况下，逐渐接受环保的理念，同时延长该包装的使用周期。

包装的设计需要用心，设计师应该考虑到更多的实用效果。那些生活在第三世界国家的孩子们，因为各种不可抗拒因素的影响，他们生活在没有任何娱乐设施的环境中，日常只能利用一些植物果实来制作成足球等简单的娱乐设施。综合这种情况，一位来自首尔的设计师，使用救援物资的包装，巧妙地将其设计成那种利于运输的圆柱形纸筒，然而当纸筒进行分解后，孩子们就可以开始组装，做成不同大小的球体，让他们快乐地玩耍，同时在这个过程中孩子们还体验到了亲自动手的快乐。这个包装被命名为"梦幻足球"，它是一个用心做出来的设计，它在设计上不仅考虑到了绿色环保，而且还充满了人性化的趣味设计。

上面分析了过度包装的危害，由于大量的包装要损耗很多的材质，可是在使用后没有其他利用价值，就会被丢弃，这样的长期累积之下，就出现了浪费的情况。因此，现如今，在包装设计方面，需要更多地考虑延长包装的使用周期，让包装能够循环使用，将各种包装的外包装设计成一种可以经过消费后能够简单拆装的二次包装，这样在生活中可以开发其他的使用途径。包装结构的设计绝不能仅仅停留在技术层面的思考，应该从观念上进行改变，加强产品包装的使用周期性。比如，在芬兰某所设计学院，有一名学生设计的作品，它是酒杯包装设计。这款包装的设计非常合理，它不仅考虑到玻璃器皿高脚杯的安全性，在运输过程中需要对其进行保护；同时在包装的结构设计上，使用的是无黏合剂的设计，这样又体现出它的环保性。在设计过程中，设计师首先使用的原材料是瓦楞纸，用瓦楞纸结合朴实简单的印刷品牌文字，然后选择别插结构，这样方便商品的拿放，而这款包装设计的精妙之处在于，能够通过自身结构的变化，然后进行一个简单的组装，组装后变成一个葡萄酒的支架，因此，该项包装在包装周期设计上，实现了很好的延续性。

从材料角度来说，包装具有可视性和可触性，而那些无形材料具有的可嗅性，这些都是多元化的表达形式。在制作过程中材料是不可或缺的一个前提，所以，设计师在进行设计时，一定要懂得如何体现出材料的内在美，使它能够通过高超的加工工艺表现出来，生产出一种契合产品和材料之间的形式美感。在选择材料时要认真分析，通过材料所具有的不同的质地、不同的色彩，包括不同的肌理效果，加以相互对比后，能够形成一种统一的视觉效果，这样才能充分彰显出材料所拥有的材质美。此外，设计师应该勇于打破材料运用的常规方式，通过创新给传统材料赋予新的生命。同时，在使用材料上，无论是选择天然材料还是合成材料，设计师都应该尽可能考虑节省材料，要大胆利用各种新工艺对包装进行创新设计，增强材料美的表现力。

目前包装的表现形式呈现一种多元化的趋势，而消费者才是包装产品的最终使用者、接受者。市场调研发现，消费者在购物时，购买行为不仅受到视觉的影响，还会受到如嗅觉、听觉、味觉、触觉等多种要素的影响。在市场经济的驱动下，人们的观念正在不断发生变化，传统包装设计需要不断寻找新的增值点和突破口，这样才能满足各种消费人群的诉求。多元化的设计理念正是这种人性化设计理念和背景趋势下的必然产物。当然，这种多元化的设计必会成为未来设计的趋势，虽然当前的市场应用并不多见，方式也比较简单直接。然而，只要将包装设计的加工技术融合在设计美学中，就会使新的工艺、新的材料发挥出更大的作用与价值。

第五节　本章研究结论

本章对纸包装结构绘图基础、纸包装结构成型原理、雅图 CAD 软件技术、纸包装结构的优化设计美学进行了研究。设计纸包装，不可一味地追求标新立异，而是应当在以保护包装物为前提的情况下，依据产品的特性展开适当的设计。多数情况下，纸包装无须过多变化，只要做到在原来的基础盒型上做一些变化即可，一样可以取得满意的效果。像那些太多变化的包装，不仅使得纸盒的保护功能下降，还浪费了纸张，产生一些副作用。其次，设计纸盒包装，既要保持独特的结构造型，又要确保陈列各种产品时的整体效果。

总之，基于商品的特性及功能，设计纸盒的包装结构时，应注重多面体成型特点，多采用肢体语言，从而增加商品包装的美感。

第四章 纸包装结构优化设计的主要内容

一张平面的纸材，通过设计师巧妙的构思、绘制、剪切、折叠、穿插、粘贴，便能围合成一个精巧的纸盒。一个优秀的纸盒造型可以引起消费者的兴趣，同时与包装设计的其他构成要素完美结合，形成优秀的包装并促成最终的购买行为。纸包装的造型方法千变万化，但都可以根据需要由基本盒型衍生出来。

第一节 折叠纸盒包装结构优化设计

一、折叠纸盒概述

（一）折叠纸盒

折叠纸盒是应用范围最广、结构与造型变化最多的一种销售包装容器。它是用厚度在 0.3~1.1mm 之间的耐折纸板或者 B、E、F、G、N 等小瓦楞或细瓦楞纸板制造，在装填内装物之前可以平板状折叠堆码进行运输和储存的小包装容器。

（二）折叠纸盒分类及命名

1. 折叠纸盒分类

构成纸盒的立体盒型结构称作主体结构。折叠纸盒成型方式，分为盘式、管式、非管非盘式和管盘式几类。

2. 折叠纸盒命名

（1）按标准。通用纸盒有国际命名标准：直插式盒、反插式盒、毕尔斯盒、六点黏合盒、布莱特伍兹盒等。

（2）按特征结构。一般用局部结构表现纸盒特点，分别按照盒底、盒盖、盒面、盒内部等结构命名为锁口盒、摇盖盒、锁底盒、开窗盒等。

（3）按造型形态。按照成型后纸盒形成的几何造型：柱形盒、菱体盒、锥顶盒等，或盒体的局部形态：屋顶盒、蝶式锁盒等。

（4）按纸盒功能。纸盒主要功能：提手盒、展示盒、礼品盒等。

（5）按专用内装物。一些盒按内装物命名：汉堡盒、奶酪盒、比萨盒、牛奶盒、爆米花盒、果汁饮料盒等❶。

（三）折叠纸盒包装设计"三·三"原则

1. 整体设计三原则

（1）消费者购买时会首先注意到外观纸盒包装，如主体商标、图案、品牌、获奖标志等，所以整体设计要满足消费者这一习惯；或者在橱窗展示，或者在促销活动和货架陈列上让主要装潢面给消费者视觉冲击力。

（2）消费者打开盒子时习惯性从前向后打开，整体设计应该符合这个使用习惯。

（3）大多数消费者习惯性用右手，整体设计应注重消费者这一使用习惯。

2. 结构设计三原则

（1）黏合接头部分应该连接到后板上，特殊情况下可连接到端板上。一般不连接到前板或与前板连接的端板上。

（2）除开窗盒盖板和黏合风口式外，纸盒的盖板应该与后板相连接。

（3）底板部分一般与前板相连接。

3. 装潢设计三原则

（1）主装潢面应选择前板或盖板，次要图案及说明文字可选择后板或端板。

（2）纸盒直立展示时的装潢面应选择底板和盖板，盖板在上，底板在下，开启口在上端。

（3）纸盒水平展示时的装潢面应左端在上，右端在下，考虑右手使用习惯，开口处应在右端。

二、基于 ArtiosCAD 函数语句的折叠纸盒交互式组件设计

（一）交互式盒型组件设计的实现途径

创建交互式盒型组件，须通过定义变量，通过高级函数语句进行程序设计，结合特定条件以实现软件的逻辑判断，这样便可以让盒型组件根据不同的指定条件生成不同结构。在 ArtiosCAD 中，高级盒型库拥有强大的变量函数功能，通过 StyleMaker 工具可以创建属于用户自己的定制组件或者盒型库。

（二）基于 ArtiosCAD 函数语句的交互式盒型组件设计

ArtiosCAD 内置的 Style Maker 自带了许多函数语句，如 STEP 语句、MAX/MIN 语句等。基于 ArtiosCAD 函数语句的盒型组件设计主要分为三个步骤：规划设计，

---

❶　王可. 纸质包装缓冲件结构的设计思路解析［J］. 上海包装，2016（8）：18~20.

进行程序设计并绘制组件，将自定义盒型组件加入 ArtiosCAD 盒型零件库。

在折叠纸盒盒型中，插入式纸盒结构简单，开合方便，节省材料，比较具有代表性。而防尘翼是插入式纸盒的重要组成部分。基于 Esko ArtiosCAD 函数语句，以典型的盒型组件——防尘翼为例，讨论交互式盒型零件的设计方法。防尘翼可分为无槽型、斜角槽、圆角槽等类型。无槽型防尘翼结构简单且模切时不产生废边，但与盖板相接处易爆裂；斜角槽可避免无槽型的爆裂故障，但斜角处不易清废；圆角槽结构相对复杂，但可避免爆裂故障且容易清废。

当它作为盒型组件使用时达到如下要求：用户只需输入主要尺寸（如盒宽、防尘翼高），并选择任一种防尘翼类型，ArtiosCAD 即可自动创建所选类型的防尘翼。

（三）进行程序设计并绘制组件

程序设计主要有两种方法：一是设定变量、为变量赋值，利用函数语句的逻辑判断实现互动式盒型组件的创建；二是设定变量，在绘图过程中，ArtiosCAD 自动生成记录文件，通过编辑记录文件，利用函数语句实现互动式盒型组件的创建。第一种方法需要预先对结构中的每一个几何元素（线、弧等）的取值进行分析、计算和赋值，过程较为复杂，且不能灵活实现不同模式下非共有几何元素的创建；下例采用第二种程序设计方法。

程序设计分析：（1）定义模式变量 STY，选项分别为 without slot, bevel slot 及 roundedslot，代表无槽型防尘翼、斜角槽防尘翼及圆角槽防尘翼，其对应的逻辑值分别为 1、2、3；（2）需用到 STEP 语句，以便当用户选择特定的防尘翼类型时，让 ArtiosCAD 根据模式变量的逻辑值，选择不同的绘图路径；（3）盒宽 W 与防尘翼高 DFH 决定了防尘翼的宽度、高度；（4）X1，X2，X3，X4 决定防尘翼横向修正尺寸，Y 决定防尘翼肩高，DFR 为圆角槽防尘翼的圆角半径。

根据如上分析，在程序设计中需如下变量，见表 4-1。

表 4-1　程序设计变量列表

所属菜单	名　称	含　义
材料选择菜单	CAL	纸板厚度
防尘翼模式菜单	STY	防尘翼类型
防尘翼尺寸	W	盒宽
	DFH	防尘翼高
	X1，X2，X3，X4，	防尘翼横向修正尺寸
	Y	防尘翼肩高
	DFR	圆角槽防尘翼的圆角半径

各变量具体的程序设计分析见下。

（1）CAL。ArtiosCAD 内置变量，无须自建。此变量由材料选择传递。

（2）STY。模式变量，选项分别为 without slot，bevel slot 及 roundedslot，ArtiosCAD 自动赋值为 1、2、3，由用户在设计时选择（三选一）。

（3）W，DFH。普通变量，W 由用户在设计时输入；防尘翼高 DFH 通常为盖板高度与插舌高度总和的一半，此处简化为盒宽的一半，即 DFH＝W/2，应赋初始值。

（4）X1，X2，X3，X4，Y，DFR。细节尺寸，赋初始值，无须用户另行输入，但可更改。

（5）OA 之间的线段。当防尘翼为无槽型或斜角槽时，OA 所在线段的长度为 O、A 两点间的距离，仅当防尘翼为圆角槽模式时，其长度变为 O、A 两点间的距离减 DFR。通过直线工具绘制时，可在小键盘中利用"两点间的距离"工具（见图 4-1），得到两点之间距离的语句。

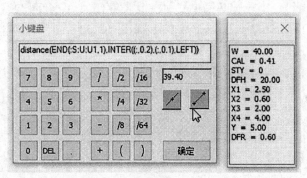

图 4-1　小键盘工具对话框

此时加入 STEP 逻辑判断语句（见图 4-2），使之能根据模式变量的逻辑值绘制两点间的长度。

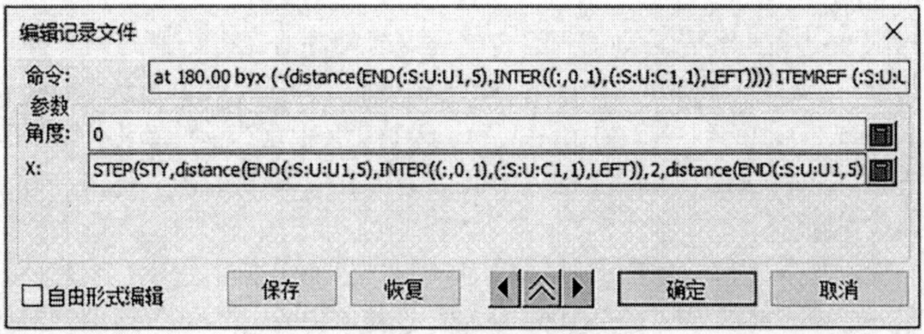

图 4-2　编辑记录文件对话框

对应的函数关系见表4-2。

表 4-2　函数关系对照表

防尘翼模式	STY 逻辑值	OA 的距离语句	OA 所在线段的长度
无槽型	1	distance（END（：S：U：U1，1）	O、A 两点间的距离
斜角槽	2	distance（END（：S：U：U1，1）	O、A 两点间的距离
圆角槽	3	distance（END（：S：U：U1，1）-DFR	O、A 两点间的距离-DFR

函数语句：

STEP（STY，distance（END（：S：U：U1，1），2，distance（END（：S：U：U1，1），3，distance（END（：S：U：U1，1）-DFR）

（6）AB 之间的线段。三种防尘翼模式下，尺寸统一，故由设定的变量直接绘制即可。

（7）BC 之间的线段。当防尘翼为无槽型时，BC 的长度为 B、C 两点间的距离，当防尘翼为斜角槽或圆角槽模式时，其长度变为 B、C 两点间的距离减 X4。

（8）线段 DE。当防尘翼为无槽型时，DE 的长度为 0，当防尘翼为斜角槽或圆角槽模式时，其长度变为 D、E 两点间的距离。

（9）线段 EF。当防尘翼为无槽型时，EF 的长度为 0，当防尘翼为斜角槽或圆角槽模式时，其长度变为 D、E 两点间的距离。

（10）圆弧 FG。当防尘翼为无槽型时，FG 的长度为 0，当防尘翼为斜角槽或圆角槽模式时，其长度变为以 DFR 为半径，通过 F 点、G 点的圆弧。

通过重建设计功能验证设计，分别选择三种模式选项，ArtiosCAD 将根据所选模式创建不同类型的防尘翼。

（四）生成模式变量结构示意图及零件库的添加

（1）ArtiosCAD StyleMaker 提供了创建示意图工具，通过示意图，用户可以预览不同类型的结构形状，方便用户选择。利用重建设计，可为每个模式选项创建结构示意图。启用重建设计功能，在模式选项对话框中选择"without slot"，即无槽型防尘翼，ArtiosCAD 将自动创建无槽型防尘翼的结构。确认设计无误后，利用 StyleMaker 中的创建示意图工具，ArtiosCAD 会根据当前的结构生成示意图，并置于图层 Doc Plot 1 中。用标注尺寸工具为示意图添加尺寸，并把尺寸的数值改为对应的变量。

完成上述步骤后，在重建设计时，重建设计界面中会出现模式变量选项及调整变量对话框，用户可根据示意图，方便地选择所需的组件模式及调整变量值。

（2）将组件添加到盒型零件库。ArtiosCAD 自带盒型零件库，提供一些常用组件，使结构设计更高效、便捷。上述组件绘制完成后，将其保存至 Serverlib 文件夹中，通过设定"默认值"中的零件库目录，添加到盒型零件库中。需要通过该防尘翼组件创建盒型结构或创建参数化盒型时，只需在 ArtiosCAD 的盒型零件库中直接调用即可。

作为计算机辅助包装设计软件，ArtiosCAD 提供默认的盒型库和零件库，而用户自定义的交互式组件可极大地丰富和补充原有的组件。设计人员可灵活运用内置的逻辑函数语句进行程序设计，利用拼合法，将自定义的交互式组件拼合成交互式盒型。该方法能够大大提高包装结构设计的效率、方便性和灵活性。与利用几何工具绘图创建盒型机构的方式相比，当使用交互式盒型组件创建盒型结构次数超过 15 次时，效率可提升 50%以上。

第二节　粘贴纸盒包装结构优化设计

一、粘贴纸盒包装

粘贴纸盒包装是用贴面材料将基材纸板黏合裱贴而成，成型后不能再还原成平板状；而只能以固定盒型运输和储存，故又名固定纸盒。

（1）粘贴纸盒包装的原材料。基材主要选择挺度较高的非耐折纸板，如各种草纸板，刚性纸板以及高级食品用双面异色纸板等。常用厚度范围为 1 ~ 1.3mm。内衬选用白纸或白细瓦楞纸、塑胶、海绵等。贴面材料品种较多，有铜版印刷纸、蜡光纸、彩色纸、仿革纸、植绒纸以及布、绡、革、箔等；而且可以采用多种印刷工艺，比如凸版印刷、平版印刷、浮雕印刷、丝网印刷、热转印，还可以压凸和烫金。盒角可以采用胶纸带加固、订合、纸（布）黏合等多种方式进行固定。

（2）粘贴纸盒包装各部分结构名称。图 4-3 所示为一个盘式摇盖间壁固定纸盒，其各部分结构名称见图示说明。

二、粘贴纸盒包装尺寸优化设计

粘贴纸盒基材选用由短纤维草浆制造的非耐折纸板，其耐折性能较差，折叠时极易在压痕处发生断裂。而且由于粘贴面纸要折入盒盖或盒体内壁，所以其制造尺寸要大于基盒制造尺寸。其制造尺寸、内尺寸或外尺寸计算公式见表 4-3。

表 4-3 中，在机械化生产（自动糊盒机操作）时，a 的值应大于 32.8mm。

为了避免印刷出现漏白缺陷，不能直接将贯穿盒体四边的印刷图案设计到纸盒的边界处，而要预留出一定尺寸，即超过盒体边界 3.2mm，以保证位置的精确。

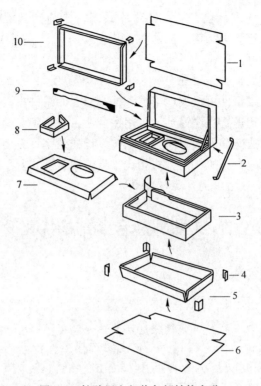

图 4-3　粘贴纸盒包装各部结构名称

1—盒盖粘贴纸；2—支撑丝带；3—内框；4—盒角补强；5—盒底板；6—盒底粘贴纸；
7—间壁板；8—间壁板衬框；9—摇盖铰链；10—盒盖板

表 4-3　粘贴纸盒包装尺寸计算公式

类型		单壁结构	双壁结构
结构			
图示			
由外尺寸计算	制造尺寸内尺寸	$X = X_0 - 2t - k'$ $X_i = X_0 - 2t - k'$	

续表 4-3

类型		单壁结构	双壁结构
由内尺寸计算	制造尺寸外尺寸	$X = X_i$ $X_0 = X_i + 2t + k'$	$X' = X_i$ $X = X_i + 2t' + k'$ $X_0 = X_i + 2(t + t') + k$
粘贴材料制造尺寸		$Y = X + a$	

注：X'—内框制造尺寸，mm；

    X_0—外尺寸，mm；

    X—外框制造尺寸，mm；

    Y—粘贴材料制造尺寸，mm；

    X_i—内尺寸，mm；

    k'—单壁结构尺寸修正系数，mm；

    t'—内框纸板计算厚度，mm；

    k—双壁结构尺寸修正系数，mm；

    t—外框纸板计算厚度，mm；

    a—粘贴面纸伸长系数，mm。

第三节 瓦楞纸箱包装结构优化设计

一、瓦楞纸结构分析

(一) 表示方法

1. 原纸品种/定量/纸板层数/楞型表示法

表示方式：外面纸品种—外面纸定量·瓦楞芯纸品种—瓦楞芯纸定量·内面纸品种—内面纸定量、瓦楞楞型 F 按瓦楞原纸技术指标及箱纸板技术指标规定，瓦楞原纸、面纸中普通箱纸板和牛皮挂面箱纸板按质量分为优等品、一等品和合格品，牛皮箱纸板分为优等品和一等品。

纸板的品种采用英文缩写，见表 4-4。

表 4-4 纸板品种英文缩写

类别	箱 纸 板				瓦楞原纸
纸板品种	漂白牛皮箱纸板	牛皮挂面箱纸板	本色牛皮箱纸板	涂布本色牛皮箱纸板	半化学浆瓦楞原纸
英文缩写	WK	KF	K	CNK	SCP
纸板品种	普通箱纸板	本色箱纸板	单一浆料箱纸板		中性亚硫酸盐半化学浆瓦楞原纸
英文缩写	C	NC	PS		NSSC

例如，WK—250·SCP—125·K—250CF 表示外面纸为定量 250g/m² 的漂白牛皮箱纸板，内面纸为定量 250g/m² 的本色牛皮箱纸板，瓦楞原纸为定量 125g/m² 的半化学浆高强瓦楞原纸的 C 楞双面单瓦楞纸板。上式也可以采用简写：WK250/SCP125/K250CF。

2. 原纸定量/瓦楞层数/楞型表示法

表示方式：外面纸定量/夹芯纸定量/内面纸定量—瓦楞芯纸定量/瓦楞层数、瓦楞楞型

瓦楞层数用 1 或 2 表示，1 代表单瓦楞，2 代表双瓦楞。

例如，293/240—151/1C 表示外面纸、内面纸、瓦楞芯纸定量分别为 293，240，151g/m² 的 C 楞单瓦楞纸板。

293/240/293—155/2AB 表示外面纸、夹芯纸、内面纸、瓦楞芯纸定量分别为 293，240，293，155g/m² 的 AB 楞双瓦楞纸板。

与第一种表示方法相比缺少考虑原纸品种。

3. 纸板代号表示法

表示方式：纸板代号—纸板类别号；同类纸板序号

纸板代号用 S 或 D 表示，S 代表单瓦楞，D 代表双瓦楞。

例如，S—1.1 表示第 1 种优等品双面单瓦楞纸板，其技术指标为：耐破度 638kPa，边压强度 4.5kN·m，适宜制造出口商品及贵重物品的运输纸箱。

D—2.1 表示第 1 种一等品双面双瓦楞纸板，其技术指标为：耐破度 686kPa，边压强度 6.0kN·m，适宜制造内销物品的运输纸箱。

这种表示方法不考虑原纸情况，只考虑纸板的最后性能。

（二）瓦楞纸板厚度

瓦楞纸板厚度是瓦楞纸箱设计中一个非常重要的因素，不仅决定着瓦楞纸箱的尺寸，而且影响到瓦楞纸箱的强度。一般是原纸厚度与瓦楞高度之和，如图 4-4 所示。

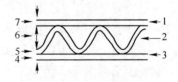

图 4-4　瓦楞纸板厚度
1—外面纸；2—瓦楞芯纸；3—内面纸；
4—内面纸厚度；5—芯纸厚度；
6—瓦楞高度；7—外面纸厚度

瓦楞纸板厚度计算公式如下：

$$t = \left(\sum t_{\mathrm{n}} + \sum t_{\mathrm{mn}} + \sum F_{\mathrm{hn}} \right) - d$$

式中　　t ——瓦楞纸板实际厚度，mm；

t_{n} ——内、外面纸与夹芯纸厚度，mm；

t_{mn} ——瓦楞原纸厚度，mm；

F_{hn} ——瓦楞辊高度，mm；

d ——瓦楞纸板制造过程中的厚度损失，mm。

d 值具有重要意义，d 值越小，瓦楞纸板实际厚度就越大，其质量也越高。

影响值 d 的主要因素有：（1）瓦楞缺陷（塌楞、歪楞、高低不齐）；（2）双面粘贴时出现的楞高损失。

在设计瓦楞纸箱时，可按表 4-5 选取计算厚度。

表 4-5　瓦楞纸板计算厚度　　　　　　（mm）

楞型	A	B	C	E	AB	BC
纸板计算厚度	5.3	3.3	4.3	2.3	8.1	7.1

二、瓦楞纸箱模切压痕工艺发展新趋势

随着人们对商品外包装的要求越来越高，模切压痕工艺水平也取得了新的进步。模切压痕的原理是在定型的模具之内，通过施加大小不同的压力，使印刷载体纸张受力部位产生压缩变形或断裂分离。作为影响印后包装成果的重要工序，模切压痕工艺的优劣是影响商品包装美观度的重要因素。显然，纸箱行业的长足发展跟模压工艺是紧密联系在一起的。当前，包装印刷技术已取得显著性成果，印刷品质量一再提升，精美丰富的印刷产品已变得不再稀有。印后加工中的模切压痕技术随着市场要求的提高在不断提升，并且模切压痕设备也在不断地更新换代。凹印生产线和柔性版印刷生产线在各个包装企业中的广泛应用，使得圆压圆模切技术越来越受到人们的重视。同时，激光模切技术、模切刀加固技术、不同承印材料的模切技术都取得了长足发展。模切机不断更新换代。国产模切机从简单的立式手动、半自动平压平模切机，已逐渐发展到如今的半自动、全自动平压平，圆压平，圆压圆等多种形式的模切。先进的控制方法提高了模切机的工作速度和模切质量，传统落后的立式平压平人工续纸的模切设备，正逐渐为生产高效、优质的全自动模切机所取代。国内的模切机正向着数字化、智能化、功能化、联动化等方面发展。

当今的纸箱行业发展迅速，尤其是瓦楞纸板实现流水线高速生产以后，纸箱印后加工成为制约纸箱生产效率和产品质量提高的一个关键因素。这已成了纸箱行业短暂的一种"常态"。很多企业非常注重纸板生产设备的改造，但往往忽视后工序生产能力的提高。因此，很多企业能够生产质量很高的瓦楞纸板，却不能生产质量较高的纸箱成品。当然，业界开始出现集中制板、分散制箱的态势，但除了珠三角、长三角地区以外的纸箱包装企业目前还是应该拉长生产链条，增加盈利点和毛利率指标。

随着市场精细化包装的需求逐步增大、人们审美观念的提高，纸箱的成型工序必将提高。纸箱企业要想发展，就必须突破后加工尤其是模切工艺的瓶颈。目

前主要的模切工艺分为平压平、圆压平、圆压圆三种。其中，平压平和圆压圆两种工艺最为常见。平压平模切分为立式半自动模切机和卧式自动模切机。

20世纪80年代，国内最流行的模切机是立式平压平模切机，其以设备结构简单、维修方便、易于掌握其操作和更换模切压痕版等优点，大量分布于三级厂。但是该工艺劳动强度较大、生产效率低，每分钟工作次数多为20～30次，常用于小批量生产的短版活。20世纪80年代中期至20世纪末期，这个阶段主要借鉴国外先进技术。卧式自动平压平的烫印模切机成为主流产品。卧式平压平模压机工作安全可靠，其自动化程度和生产效率都比较高，是平压平模压机中先进的机型。由于卧式模压机压板的行程较小，用手动放进或取出纸板比较困难，故通常都带有自动输纸系统，其总体结构与单张纸胶印机类似，整机由纸板自动输入系统、模压部分、纸板输出部分以及电气控制、机械传动等部分组成，有的还带有自动清废装置。该工艺非常适合微楞纸箱、纸盒的成型加工。圆压平的模切方式采用圆筒形的压力滚筒代替压板，一般压切辊在上，模切版在下，故模切时不再是"面接触"，而是"线接触"，使机器在模压时所承受的压力较小，而且较均匀地分布在一段长的时间内，因而机器的负载比较平稳，可进行较大幅面的模切。该方式适合多种厚度不同材质的产品模切，包括纸板、瓦楞纸板、蜂窝纸板、塑料中空板、橡胶板、胶合板、密度板等。但一般圆压平模切均是停回转或一回转、两回转为一个工作循环，因此效率极低。现在纸箱企业使用该工艺的比较少。圆压圆模压机滚筒连续旋转，因而其生产效率是各类模压机中最高的。但是其制版、装版比较麻烦，成本也比较高，技术上有一定难度，所以，圆压圆模压机常用于大批量生产。圆压圆的模切方式，一般分为硬切法和软切法两种。主要区别在于压切滚筒的材质是硬质的钢辊还是软质的塑胶。硬切法是指模切时模切刀与压力滚筒表面硬性接触，模切刀较容易磨损、卷刃；软切法是在压切滚筒的表面覆盖一层工程塑料，模切时，切刀可有一定的切入模切版的设计。模切版制作前要进行认真的设计、计算。圆压圆模切以及纸张的抽涨都要考虑全面。如圆压圆模切机的压切滚筒发生磨损，减小了滚筒的直径，因而改变了底滚筒的表面速度，最终导致版辊表面速度、纸板行进速度、底滚筒表面速度不一致。通常情况下，最后一个纸箱会切得比第一个纸箱短。在设计时，应该遵循如下几个原则：刀线转弯处应带圆角，避免出现相互垂直的钢刀拼接；避免尖角线截止于另一个直线的中间段落，这样会使固刀困难、钢刀易松动；两条线的接头处，应防止出现尖角现象。

任何一项技术的革新与发展，都会产生一系列实际生产操作问题。对于纸箱生产线来说，模压工艺的不断改善，稳定的模切质量应该是生产的关键，这里列举一些常见的生产解决办法。在模切制版中，开连接点是开面必不可少的工序，连接口就是模切刀刃口部开出一定宽度的小口，使成品和废边在模切过程中仍有局部连在一起的地方，以便使下一步走纸、收纸顺畅。开连接点应使用专用设备：刀线打口机，砂轮磨削开连接点，不应用锤子和錾子去开连点，否则会损坏刀线和搭角，并在连点部分容易产生毛刺。在模切刀过桥位置因为悬空，不要在这个位置开连接点。无论连点大小，通常打在成型产品看不到的隐蔽处，对于在成型后外观处的连点应越小越好，以避免影响成品盒外观。模切连点小、连点少。如果活件形状复杂或排列活件很多，而模切连点小、连点少，则很容易造成模切时散版。解决办法是应适当增加连点数量。另外，制版时尽量应将印品长度方向同纸张传输方向保持一致。压痕线的一般选用原则是，压痕线的厚度大于纸厚。压痕线的高度等于模切刀高度减去纸厚再减去 0.05～0.1mm。实际生产中，为了防止模切裂损、爆线，应根据产品厚度同比选择较宽的压痕线。一般的经验是在生产的一种 C 楞纸箱出现裂损问题，采取的措施是使用双道压痕线，纸箱表面进行覆膜。海绵条在模切使用时，会被压缩变形，如果海绵条距离刀线过近，会使海绵条在受压时产生侧向分力，容易破坏纸张的连点或将纸线模切时使纸边拉毛，影响模切效果；如果距离切刀太远，则起不到防止纸板粘刀的效果。海绵胶条通常贴在距模切刀 1mm 处，并高于模切刀 1.5mm。模切时纸板粘刀的原因是：模切版上粘贴的脱纸海绵条硬度小。海绵太软，不能使纸张顺利脱离模切刀或压痕线，所以造成糊版。解决办法是换成硬度大、弹性好的海绵条。压痕模最为原始的方式是在压切台上贴厚纸板，卡一下后，按照压痕剔出槽来，但是这种方式容易造成压痕不直、爆线或者成型后折裂的问题。现在多数用压痕底模板的方式。制作既简单快捷方便，并且耐用性强，价格便宜，适合短、中、长版不同的需要，因此近几年来发展迅速。压痕线和压痕模选择不合适，会造成压痕线不清晰形成暗线，有的甚至炸线。"暗线"是指不应有的压痕线；"炸线"是指由于模切压痕压力过大，超过了纸板纤维的承受极限，使纸板纤维断裂或部分断裂。解决上述问题，除了匹配合适的压痕线和压痕模之外，可提高纸质或通过增大环境湿度，增加纸张含水量，增大纸张韧性来解决。滚筒模切是运动中的模切，滚筒模与纸板在前进中进行点与点的接触，所以，难以保证纸箱的尺寸完全与刀模尺寸一致。市场需求越来越高，精度差的纸箱难以通过自动化包装线。造成尺寸不一致的一个主要原因是底辊磨损，底滚筒的直径减小，因而改变了底滚筒的表面速度，最终导致纸箱的长度缩短。一般情况下，最后一个纸箱会切得比第一个短。因此在设计制版时，可把第二版做长些，使多版同时生产的产品尺寸趋于一致。这种方法只是消极的弥补，目前最佳的解决方案是均衡器底胶垫系统。不论底胶垫的直径如何变化，由于轴承可在底滚筒上自由滑动，从而使底胶垫的表面速度完全由刀模操纵，使纸箱与刀模形状完全一致。另外，工作环境不同会造成纸板纤维变形或伸张，也会产生模切压痕规矩不准。

　　模切过程的每个环节都是相互影响和制约的，这就时刻需要操作人员进行检查和核对，技工的熟练程度和技术水平也是制约模切质量的重要因素。在模切生产过程中，对模切工艺进行优化可以提高生产效率，降低生产成本。新的模压技术利用虚拟建模仿真技术、数据库技术和优化设计方法，构建模切工艺虚拟仿真系统，以实现对模切工艺的优化。利用虚拟建模和仿真可实现模切工艺过程的可视化，预见模切压痕的最终效果，这样能够及时发现模切过程存在的问题。模切工艺信息数据库的建立，能够根据仿真分析的结果对模切工艺参数进行优化，以决策出最优工艺。

　　提高产品的模切成型质量是一个多方面的问题。而瞻望模切工艺的前景，激光数字化蚀刻加工技术（激光所照射处的材料汽化）成为当之无愧的发展方向。它非常简便，只要编个程序；尺寸极为准确，误差在千分之几毫米；生产效率极高。激光模切是根据计算机内待加工包装盒展开图样，利用聚焦形成的高功率密度激光束，将材料快速加热至汽化温度，再使光束与材料相对移动，从而获得窄的连续切缝和压痕的过程。激光模切有很多优点，工艺流程简单、精度高、灵活性强，因为不需要模切版的制作，因此，对特殊要求的反应快，从而可提高生产效率，降低成本。在品种多、批量小的情况下，在制作样品时，激光模切十分方便。激光模切既可用于包装纸盒的加工，也可以用于软包装中的划痕外包装、手工艺品中的蜡纸模板的蚀刻等。由此可见激光模切具有很大的市场潜力。国内传统的模切技术虽然比较成熟并得到了普遍的应用，但是由于如模切压痕位置不准、炸线、起毛等缺点，已越来越不能满足消费者对现代包装的要求。随着新的模切技术的不断开发和应用，这些缺点将逐渐被克服。但新技术如磁性模切、激光模切等，因其制造的难度、价格的昂贵等局限性，暂时还不能得到普遍的应用。要增强我国包装印刷企业的竞争力，缩短与世界先进水平的差距，就必须转变传统的观念，敢于抛弃落后的生产模式，发展性能先进的模切设备，提高生产效率和产品质量；同时降低生产消耗和生产成本，制造出更加精美独特的包装产品。

第四节　纸浆模塑包装结构优化设计

一、纸浆模塑包装设计的特性与优势

（一）纸浆模塑特性

纸浆模塑原是使用废纸原料、添加部分防潮剂或者防水剂来制造一些填充物，后来因为其形状多变并且易得到原料，所以成为各种产品的容器或者包装。生产纸浆模塑产品主要有浆料制备、塑模成型、干燥、整形这四道工序。蛋托作为人们日常生活中最常见的纸浆模塑产品，大多是采用可再生纸的纸浆经过机器压制而成，制作手法相对简单，制作成本低，并且环保无污染，是典型的"绿色"包装。❶ 其这种材料在许多服装面料上均可回收获得，如此便可以得到一个循环的回收的链条。经过不断的发展和许许多多设计师的发现探索与创新，包装易碎的产品，例如，灯泡、玻璃工艺制品、酒品，并且通常被用作内胆包装。纸浆模塑越来越被大众所看重并且得到了更加广泛的发展空间与发展前景。

（二）纸浆模塑的优势

纸浆模塑主要应用废旧纸做原材料，经过具体模具在模具机上加工成一定形状的纸制品包装。纸浆模塑这一经典环保的纸制品包装设计目前已被广泛利用，见表4-6。

表4-6　纸浆模塑的优势

特点	循环及成本	制作及影响	体积及运算	造型及效果
纸浆模塑设计	主要原料为废纸，包括板纸、废纸箱纸、废白边纸等，取材方便	制作过程为制浆、塑形、定型完成，环保无害	体积比传统塑料包装小，运输便利。 减震抗压，功能性角度更加柔和	易于塑性立体造型和3D制作，并且轻便，易于组装，视觉冲击大于平面
普通纸品类包装设计	价格低廉、经济节约，回收利用性优于其他材质	使用木浆，防护性能好，满足呼吸类包装的条件	体积小，生产灵活性高，储运输轻便快捷	易于平面造型和装潢造型

多种复合材料的添加融合，可使得纸浆的硬度和形态有所变化，能够根据不同的需求，不同的材质得到最佳效果的产品；同时也对各种材料的粉碎化余料进行循环利用。呼吸类包装对于产品的储藏和保鲜都有着更加优质的保证，并且间接地提升了经济效益，达到消费者与商家双赢，环境与经济双赢的循环性效应。

---

❶　王可. 纸盒包装的应用及学习纸盒设计的意义 [J]. 艺海，2017（11）：151~152.

二、PEST 分析法分析纸浆模塑设计

（一）国内现状和国际形势（P）

纸浆模塑包装正在逐步形成自己的市场，越来越多的名牌商品开始选择纸浆包装。纸浆模塑企业自从 2001 年开始不断发展壮大，如能推出相关限制 EPS 的法规，将对纸浆模塑市场更加有利。全球各国循环设计包装均发展迅速，国外对于牛皮纸包装的应用普及而广泛。对于我国纸浆模塑包装而言，将替代传统塑料包装的新式包装，无疑是既朴素本土化，又绿色循环的新型包装设计。

（二）经济（E）

纸浆模塑工业由于处在一个良好的经济环境下而得到了极佳的生存发展空间。通过用经济适用的简单纸浆制品包装高档精致的商品，从而得到更高的经济回报。纸浆模塑的原材料多为废纸、旧纸箱或一些废旧报纸等边角材料，而本身包装的物品的价值要远远高于包装本身的价值，所以消费者对包装的心理估价也相对提高。纸浆模塑制品对比 EPS 工业包装显示出其独特的优势，让更多的生产商在包装设计材料选择时选择纸浆模塑的产品。目前的大企业发展最需要注重的遗留问题就是环保，而环保要从绿色开始，绿色要从循环开始，所以循环设计中的纸浆模塑工艺包装无论从宏观角度还是从微观视角都具有一定的价值和意义。

（三）社会（S）

白色垃圾作为国内污染的主要源头，塑料已成为即将被淘汰的包装材料，纸浆模塑的造型与社会主义倡导的坚决打好污染防治攻坚战，这同在十九大提出的满足人民日益增长的优美生态环境需要相得益彰。

（四）技术（T）

柔性化设计是指：将原本设计中僵化不可改变的尖锐的部分，通过技术进行柔性化处理。将包装中的直角部分（0～180°之间）做椭圆化倒角处理，使整体设计柔和化，达到减震、造型流畅的呼吸化制品包装设计。❶ 外形设计加"倒角"加材料融合性控制等于循环化的柔和性包装设计。

　　未来的包装行业中循环设计的商业价值会更加重要，要与自动的工业化流水线融合在一起，实现多标准多方面的形式发展；对于个人用品的小众设计亦不可放过，需要多次实验，要做到引领消费者的消费视角，在循环设计的氛围当中，改变大众使用习惯，将纸浆膜塑带给大众，使大众能够对包装有亲切感，让纸浆

---

❶ 刘春雷、李京点．纸浆模塑包装与循环设计［J］．西部皮革，2018，40（9）：85～86．

模塑工艺成为循环设计的一个符号，定格在人们心里，也定格在未来的现代生活中。

第五节　本章研究结论

　　本章对折叠纸盒包装结构优化设计、粘贴纸盒包装结构优化设计、瓦楞纸箱包装结构优化设计、纸浆模塑包装结构优化设计进行了研究。产品包装的基本功能是保护内装产品，其合理的造型设计可以实现包装运输方便的功能，并能够充分体现内装物的特性。纸盒包装的造型设计是由其本身的功能决定的，应根据被包装产品的性质、形状和重量进行调整，将立体构成的原理合理地运用在包装的造型结构中。

第五章　纸包装结构优化设计创新研究及其应用

当今社会，人们生活水平、审美观念、生活质量在不断提高，消费者对商品包装造型格外注重，以及对品牌的全新认识，都是影响包装设计与时俱进的因素，需要在包装设计中体现创新。具有创新意义的包装设计以产品的形态刺激人们眼球，进而在消费者心里留下良好的初始感。包装设计要突出包装造型独特性、美观性和文化性等特性，进而达到吸引消费者产生消费行为和消费欲望的目的。在具体的设计实践过程中，纸包装的创新意识显得尤为重要。

第一节　纸包装趣味性形态设计创新研究

一、纸包装的趣味形态与包装功能

（一）趣味性形态设计是包装实用功能的完善

实际上，包装的形态就是一种美妙而特别的造型语言，不仅能够愉悦消费者，还能够将包装的各项功能进行不断完善。

1. 包装的保护功能

对产品进行保护是包装的首要功能。在产品移动的各个环节不仅要防止产品受到任何伤害，还要使产品与包装之间存在一定的安全距离，使产品能够安全有效地为消费者使用。

即使是一模一样的产品，采用不同的包装形态，展现出的视觉效果也存在着很大的差异。创新的包装形态，不仅可以吸引消费者，还可以在一定程度上提升产品的总体价值。因此，利用丰富多彩的包装形态来吸引广大消费者，提高产品销售额已经成为各大商家与设计师的重要关注点。不过，这并不是说包装的形态就可以任意发挥，而是应在保护产品安全为基础的前提下，提升包装形态的创新性与趣味性，利用独特的结构形式，采用更加科学的构造，更新包装形态，拓展包装的功能，利用包装的美学法则，将包装以更加创新的形态呈现在广大消费者面前。

2. 包装的便利运输功能

产品最终能够为消费者使用是需要经过流通领域的。包装具有保护产品安全的属性，因此要求包装一定要具备良好的储藏与运输功能。创新性的包装形态构成了三维空间结构，不论是外部形态还是内在结构都会对出产品的储藏与运输带来影响。一方面可以将包装的形态变得更加美观，另一方面还能够更好地实现储藏与运输的功能。无论是将包装的五面体减为四面体，还是从六面体增加至八面体，都是一种新颖的包装形态。

3. 包装的促销功能

社会经济迅猛发展，更新了以前的商品销售模式，过去消费者购买物品主要是通过销售人员的介绍，现在自选商品已经成为主要的消费方式，自行选购已经逐步成为主要消费方式。当众多同样作用与属性的商品出现在消费者眼前时，商品的包装意义就显得格外重要了。这时候的产品包装就是商品的推销员，其通过良好的包装形态吸引消费者的眼球，从而将商品顺利地销售出去。提高商品的销售额是对产品进行包装设计的重要功能之一，新颖独特的商品包装不仅能够在很大程度上提高消费者的购买欲，还能实现销售额的有效增加，这种包装设计才是真正意义上实现了促销的经济现实意义。

包装能够成为产品"推销员"所要具备的三个首要条件❶——品牌、差异与印象，商家一定要利用特别新颖的设计包装，将产品完好地呈现在消费者眼前，呈现自身的特点与魅力，从而刺激广大消费者对此产品的购买欲，新颖独特的包装形态能够使消费者产生强烈的好奇心理，此时消费者为了满足自己的好奇心，想要揭开神秘的面纱那就只能够掏出腰包购买产品了。

（二）趣味性形态设计是包装增值功能的实现

包装形态的趣味性设计会给消费者带来各种情感方面的影响，比如让消费者获得富于乐趣的感官体验和使用体验，或者让消费者在心理上感到愉快和满足，或者带来综合的、多方面的情感上的体验。趣味性会引导消费者潜意识里的认知，影响消费者的选择和购物决定。

1. 提升包装形态审美功能

最初，包装的功能以实用性为主，受技术水平限制，包装形态相对简单。当人们的消费理念出现变化，当技术变得更加成熟和先进，包装功能开始丰富，包装形态帮助商品展现其社会和文化意义。当下，消费者购买某个商品，往往不是为了获得物品本身的功用，而是希望展现成功、青春或者赶上潮流。因此，在包装方面，比起传统功用，消费者会更关注美观性和趣味性。包装形态审美功能的提升，不仅能满足其自身的要求，还能让商品更富有竞争力。当今社会，产品越来越趋于同质化，竞争越来越激烈，而厂商和产品要想获得竞争优势，就不能忽

---

❶ 王晓萌. 产品包装绿色设计的研究 ［D］. 北京：华北电力大学，2017：5～13.

视包装在感性层面的价值，需要设计和采用更加有趣味的包装，提升附加值，这也是提升产品竞争力的有效方法。

2. 实现包装形态的语义功能

作为符号中的一种，形态自身也承载着信息。形态刺激着人们的视听嗅味触这些感官，将信息传达给人们，或引导人们回忆和联想过去的经验。设计趣味性包装的过程就是一个给包装形态编码的过程，当它到达消费者手中，引导消费者通过对包装形态的观察而获得相关的显性或隐性信息、理解其所蕴含的语义时，就是一个解码的过程。由此，产品给消费者留下了更深刻的印象，品牌价值获得提升。所以，包装设计师在设计包装形态时，就需要基于人们视觉、心理和经验的共同点，将相关语义信息通过包装形态准确地传达出来。

所有的包装都会给消费者带来视觉上的感受。富于趣味的包装形态能够对产品功用等信息，以及包装用法进行很好的提示，消费者通过包装就能很快知道里面的产品性质和用途。而且，借助特别的形态还能传递特定的语义，与其他同类别的产品和包装进行区分。

时代在变化，商品的造型语言也在发生极大改变，作为产品的外衣，包装也应该随之进步和改变，适应消费者的新需求。富于趣味的包装形态在传递语义时采用象征、比喻和隐喻等各种手法，进行知觉上的类比，让包装更具有情感属性，让消费者在接触相关信息后进行积极联想，发生情绪和情感上的变化，从而理解包装蕴含的语义，提升产品销量。

3. 融入环保理念

长期以来，包装设计不够重视人和环境的和谐，使用的一些材料、采用的一些工艺造成了大量的环境污染问题，破坏了生态环境，已经威胁着或者可能威胁到人类健康。例如一些塑料包装是不可降解的材质，导致"白色垃圾"泛滥。可持续发展战略的基本内容就包括保护生态环境、节约自然资源。所有的社会成员都有义务保护生态环境，推动可持续发展。包装设计融入环保理念非常必要，绿色环保的包装也越来越受到人们的关注和青睐。作为社会经济活动的内容之一，商品包装也需要坚持可持续发展，使之更加绿色和环保。

绿色包装也叫环境友好包装，这种包装一方面要具备保护产品的基本功能，另一方面也要关注环保性。减少或避免包装废弃物产生的生态环境危害。在日本，蔬菜和水果的包装使用不可降解塑料已经被禁止。在美国，大豆蛋白质做成的包装膜越来越多地被用于包装食品，它可以和食品同时进行烹饪和食用。我国的绿色包装使用规模也在扩大，比如，一些冰激凌类的商品是用玉米烘烤包装杯来盛放的，这种绿色环保可食用的包装受到消费者青睐。可以说，未来包装设计的趋势一定包含绿色和环保的内涵。当代包装设计师应该放眼未来，具备社会责任意识和环保意识，并在设计中体现出这些理念，设计出使用方便、美观，同时又环保的优秀包装形态。应该在包装形态中抵制过度追求奢华，提倡在包装形态创新方面完善其功能，积极使用新材料，考虑各种加工方式的差异。坚持环保理念的包装设计，可以让消费者体会到设计者的人文精神，也可以提升包装的趣味性，给消费者带来更多愉悦感。

关于包装的环保性和趣味性，包装设计师可以考虑采用有利于回收和降解的材料，让其结构更加简单合理，提高使用率，从以上方面进行创新，促进人类与自然环境的和谐共处。

二、纸包装趣味形态设计研究与策略

(一) 满足多维情感需求的创新思考

人们的心理体验及活动，都受到情感的影响，而这种情感客观反映了人们对事物的体验及态度。艺术设计不同于其他一般设计，其中重要的影响元素便是情感，设计好坏放在现代设计中，不仅源自情感及审美的愉悦，还对其效率的高低及功能的实现给予了充分的反映。从视觉、行为到情感，逐步挑起人们的愉悦之感，这是对纸包装形态的趣味表达，同样也是本书提及的关于包装趣味性设计的创新思考。

1. 感官的愉悦

人的感官情感来自人与物的互动，基本上通过其视觉、嗅觉、听觉、味觉等直接反映本能的情感，烘托出人的情感。大众也将更加直接地感受这种情感刺激，效果当然是最明显的。

人们通过视觉获取设计信息，视觉通过形态的刺激起作用，而视觉化的物质形式体现为形态，并依据视觉获取外界信息，从而借助情感加以判断。所以，消费者的兴趣需要在包装设计中借助写实、夸张或抽象的造型进行展现，以此引发消费者的注意，从而使得新的卖点——形态语言凸显出来。

2. 使用的乐趣

使用的乐趣源自人们在使用包装时对互动、有用效能及便利的感受，从而引发的一些愉悦感。

(1) 便捷的人性化。包装的设计，终极目的是满足人们生活的便利性，不管是商业促销、物流运输还是产品外保护层，都是人们内心所能感受到的一种情感体验，像简洁大方的手提袋，兼具携带方便和装物品的功能。随着生活节奏的加快，一些使用便捷的包装深得人心，人们对包装内的产品充满好奇，而消费者能认同，这是当下包装设计受到广泛关注的话题之一。所以，包装的趣味性创新性体现在消费者可全面地体会到方便感。其中的便捷性通过省力、节约空间及时间来实现。

（2）交互的高峰体验。人们自我需求的实现，通过对物品的操作、控制、改变及选择等进行交互，从而满足自己改变周围环境的愉悦感。如今的生活带给人繁重的压力，人们容易受到消极的情感影响而产生心理不适，从充满趣味的包装中获得一些乐趣，便是一种释放。人们借助人性化的设计，形成交互及参与，充分体验外界的乐趣，从而实现自身存在的价值。著名的心理学大师马斯洛将这种状态形容为一种极度愉悦的高峰体验，体现出人们彻底释放日常面临的压力。举例来说，消费者可通过包装独特的开启方式进行拿取，从而使得自己拥有全新的体验。

3. 内在情感的满足

情感、文化及生活方式三个核心概念是由美国工业协会主席阿瑟·普洛斯提出的观点。人的消费观念及设计理念在时代的进步中正得到不断提升，精神层面的情感愉悦则是高层次设计的核心理念，事实上，前两个层次的影响将会给用户的内心带来文化背景、个人经历、理解及意识等冲击，也即所谓的触景生情。因此，包装的设计兼具情感因素及实质功能，从而满足人们理解并体会设计物所蕴含的情感因素。

（二）纸包装趣味形态设计策略

1. 自然形态联想的趣味性包装形态

设计包装的形态时，通过融入自然形态作为创作元素，结合包装设计本身特点、自然物的巧妙构形及优美形态，加之满足人们视知觉的真实感，从而使得包装形态设计更具创新性、趣味性及生动性，满足人们从功能到审美各个层次的体验。

（1）从具象到抽象的提取。让包装形态更具情趣化，这就需抽象运用自然形态，而且并非仅使得自然模拟物与包装形态形似，而是综合体验功能与自然物形态，也就是说，包装形态设计中的越发隐蔽的情感、越低的认知性，说明自然形态的抽象程度越高；反之亦然。因此，设计者不仅需要放开束缚，展开想象的翅膀，还要深入挖掘并了解自然形态。

（2）挖掘自然形态的内在功能。大自然中的动植物，在经过长期的进化后，各种形态变化成了自我包装的天然特性，为包装设计提供了很多可供借鉴的灵感和例子。比如生长在澳大利亚的雌性袋鼠，身体前方像橡皮袋一样的育儿袋，随用随拉，弹性十足，既能抚养小袋鼠，还能让其便捷地进进出出，人们从其自我包装得到了很大乐趣。反观现实的包装设计，若将这一自我包装引入产品包装设计形态中，通过这种伸缩自如的开口设计，制作出三角形的开口，即用即开，不用即合，使用起来既充满乐趣，还获得一定的形态美感。

（3）从自然形态的结构中获得启示。自然界中演化出各种外貌形态的生命，遵循着达尔文"物竞天择、适者生存"竞争论，这种不同的外形由其内在结构决定，人们由此获得了设计启发，进而开始了包装设计之路。结构形式构成一定的形态，这是形态构成的基本法则，而形态生存的物质基础即为结构，它称之为形态的骨骼。动植物的结构是复杂多变的，所以，包装设计需要利用创新的方式对形态进行设计，变复杂多变的自然物为简洁可用的包装形态，然后分解为抽象的元素，从而连点成线最后成面，得出包装设计所需的形态。

（4）从生长的动态过程中感悟。生命的成长，在不同阶段呈现出不同的形态，这是自然形态的基本规律，若巧妙地将这种生长变化的形态抽象应用于包装形态中，人们会产生生机勃勃之感。此外，包装设计的抽象形态可以以自然形态体现出的基本规律为指引，满足其变异、夸张及由此衍生出的趣味性，同时，造型形态在使用、销售、运输等不同阶段，突破以往功能简单、形态单一的面貌。比如大自然中那些含苞待放的花朵，花蕊被层层花瓣围绕，花朵呈现出的外在盛开之美与自我保护功能，若这种现象应用于包装设计中，设计出层层叠压围合的形状，这样既对产品有了更好的保护，还在人们打开这种包装时，体会到生命从孕育到绽放的生命之美。

2. 功能多样的趣味性包装形态

对包装审美功能的实践探索，以满足包装的实用功能为基本前提，论述包装多样化的创新策略。如同《设计形态学》中提及的：人工造型在审美表现中重在审美时，称为艺术；而重在实用功能时，称为技艺。

所以，消费者的兴趣需要在包装设计中借助写实、夸张或抽象的造型进行展现，以此引发消费者的注意，从而新的卖点——形态语言便凸显出来。

不管哪种人工造物，都有审美和使用问题，就如同一个实用器皿，当使用时它是实用的器具，而不用时，它便是可供观赏的艺术品。而随着社会不断发展，人们的生活方式、时尚理念、消费观念等变化较为明显，并在生活中被各种有形无形、听觉、触觉等各种情感因素充斥，这使时代对包装提出的新需求，也使传统包装面临着淘汰。

产品能否在市场上顺利推广，取决于包装能否给人全新的直觉、情感体验和视觉冲击力等因素。包装形态成为一种文化活动，它扭转了以往消费者自身的消费经历所需及市场产品竞争，脱离了原来的技术为上的制作过程，设计师对包装的形态概念进行了重新定义，通过空间架构、立体构造、美学原理及传统功能所需等技法，加之综合运用传媒、娱乐及有趣的各种因素，来设计包装形态，进而使得包装的功能得以拓展，综合各种信息，从而搭建起便于消费者在情感及实用性方面展开沟通交流的平台。

3. 运用立体构成的构形方法进行纸包装趣味形态

在艺术设计领域，有关"材料和技术""构想和感觉"的立体形态等活动的基础学科，统称为立体构成。而该结构中涉及的核心课程内容为形态构成，采用这种方式对人的创新能动性给予启迪，对三维形体的创造规律进行研究，同时对"构想和感觉"进行强调，需借助模拟构造、空间美学及力学的作用，使得机能形态造型和纯粹形态的创造能力得到培养。

如今的生活带给人繁重的压力，人们容易受到消极的情感影响而产生心理不适，从趣味包装中获得一些乐趣，便是一种释放，人们借助人性化的设计，形成交互及参与，充分体验外界的乐趣，从而实现自身存在的价值。

强调视觉特性，舍弃实用功能，因此得到美的造型称之为纯粹形态，像那种阻碍设计者创作思路的"功能决定形态"的设计套路，难以对原有的设计形态进行突破，反而那些逆向设计思维"先形态、后功能"才是最好的突破方式。关于立体形态中的技术问题，则可借助技能形态即人类的情感和喜好、材料的"结合"对形态的影响、材料与形状之间的关系、"重力"等技术及艺术的立场展开研究，基于立体构成，设定为"点、线、面、体"的形态特点。

基于特定美学、力学法则，对一些形态要素进行研究，并突出表现视觉，从而形成新的形态，就是立体构成。这种构成的方法是科学的形态，追求的是形态视觉的表现力，并将其形态作为内容的基础，使用秩序、韵律及节奏等形式美法则，从而更好地结合感性及理性。

视觉美感和实用价值，兼备这两种特性的立体形态体现的便是包装的趣味性，这种构成是由点连线，由线连成多个面，然后采用折叠、堆积、组合及包围等方式组成一个多面体，从而使得包装形态在感性或理性的形态表现中更具艺术性，使得包装的独特性增强，是一种包装趣味在形态方面的创新方法。

第二节　纸包装开启方式宜人化设计创新研究

一、宜人化的设计理念

（1）宜人化概念设计的基本理念。宜人化在广义上是指技术要立足于人的需求进行发展，也即技术应该与使用者之间有更协调的关系。本书讨论的宜人化并非广义上的，而专门指包装开启方式要更好地满足使用者的情感需求，与使用者各种感官产生更多互动。

（2）纸材料包装开启中的宜人化设计理念。宜人化的纸材料包装开启方式研究对象并不是包装开启方式，而是包装开启方式和使用者的互动。让使用者在开启包装的过程中对产品和包装进行理解，不但能让人和物、人和人的关系更和谐，而且能对消费和生产产生助推作用，此外还有利于人类社会发展的健康性和可持续性。

（3）常用纸包装开启中的宜人化体现。纸容器可以分为纸袋、纸盒、纸箱、纸杯和纸桶几种类型。纸袋以外的纸容器一般都有三个组成部分：盒身、盒盖和盒底。以上纸材料包装在开启方式上有的比较单一，有的则是多种方式的组合。具体来说，表现形式包括掀盖式、粘合式、插入式、开窗式、锁盘式、锁扣式、连续襟片穿插式和襟片连续插别式等。

每种开启方式都有优势和劣势，综合运用多种开启方式能让包装开启设计更宜人，满足不同使用者需求。比如，插入式这种包装开启方式效率相对较高但是密封性较差，而拉链压痕式这种包装开启方式相对密封性更强、易于开启，但是无法再次封合。因此，可以把拉链压痕式这种包装开启方式与插入式结合起来，或者将它与粘合式结合起来。在运用各种开启方式时，要注意让事前、事中和事后整个开启过程更便捷、更安全和更有趣。

二、纸包装开启的宜人化

作为开启过程的开始，消费者只有顺利开启包装才能使用产品。当下，市面上不少食品包装设计缺乏开启方式的说明和引导，让消费者无所适从，究其原因，就是包装设计没有充分考虑使用者的视觉和触觉。食品包装开启方式设计应该设置相关提示，比如在视觉方面增强图文色彩的鲜明度、辨识度，可以让相关造型更夸张，让消费者明白包装开启方式。

同时，包装开启设计可以增加各个面之间的凹凸度，或者运用醒目的花纹图案，以调动使用者的视觉神经。

作为开启过程的中心环节，包装开启中的状况极大影响着产品和包装给消费者的印象、感受，如果消费者在开启过程中能够得到更好的互动体验和共鸣，就更容易被打动。开启过程不但要满足基本的操作需要，还要提升互动性，即满足包装开启宜人度的根本要求，具备宜人化设计的特点，才能帮助传递产品信息，满足消费者在包装开启上的情感需求，建立产品和消费者之间的情感连接。

（1）纸包装开启中的安全性。纸材料包装开启方面的安全性关键是保证动作安全，即让消费者能通过安全的动作开启包装，避免受伤。如果包装开启方式设计得合理，不但能保证安全性，还能提高互动性，让消费者在开启包装时有愉悦感和乐趣，产生更多积极情绪甚至是自信心，另外合理的设计还能带来更多的销售量和生产量。比如，如果包装所用的纸材料质地比较硬，为了避免消费者开启包装时被划伤，要将板面边缘的锋利棱角用安全材料包裹起来。再比如，如果包装是掀盖式的，要在开启的边缘部位添加防滑纹理，以免让消费者在开启包装时被划到、摔倒或者产品洒出，甚至因此烫伤消费者。

（2）纸包装开启中的趣味性。包装开启方面的趣味就是满足使用者情感方面的需求，提升产品互动性。但从行为角度来说，即是适应使用者个性化的需求。包装开启方式的互动性体现在很多方面，比如结构、颜色、图文等。纸材料包装相对柔软，而且能做出多边的结构，表现方式也更丰富，能够更好地满足包装设计的宜人化要求和个性化需求，做出更多趣味的包装方式。

（3）纸包装开启中的创新性。事物的发展动力和持久性来源于创新。纸材料包装设计方面的创新和趣味原理是相同的，创新对象包括包装的结构、颜色和图文，要考虑到使用者在年龄、心理、人生阶段和生活方式方面的差异，满足使用者在包装开启方面的情感和行为需求。

三、纸包装开启后的宜人化

作为包装开启的结尾，开启后出现的行为和形成的环境也很重要，如果能令消费者感到平和愉悦，就能更好地提升消费者对产品的好评度和信任度。

（1）纸包装开启后的再使用性。包装开启后的再使用性指包装被打开后还能封闭和利用，以存储产品，实现再次开启。食品的纸材料包装的再使用性涉及两种情况：一是抗氧化性相对强的食品，比如饼干和干果，其纸材料包装在开启设计方面为了满足再使用性，可以采用掀盖式和插入式等方式；二是抗氧化性较差的食品，为了避免敞开包装后食品氧化浪费，可以在外部用 U 形虚线压痕式，内层用拉链式。另外，以往牛奶盒多采用撕开式，因为包装材料不够硬，开启过程中过于用力容易将奶液挤出导致飞溅。现在，一些牛奶盒包装开启方式变成了螺旋式，可以轻松拧开，避免了挤压和飞溅。

（2）纸包装开启后的防伪性。为了避免有人为谋取不正当利益而生产假货，包装开启方式的设计不但需要满足以上需求，而且要有智能的防伪设置和防伪识别功能，这对于保障消费者的知情权非常重要，也是宜人化包装开启设计的基本要求。经常用到的防伪包装材料有很多，比如不干胶封条，在信封和电器保修方面可以应用，在撕开胶条前无法看到塑料薄膜上的字，撕开后才能看到；再比如防伪防揭的压痕纸标签和易碎的纸标签，它们只能使用一次，被揭开后就不能复原；还有条形码防伪，有一维的、二维的以及三维的，能提升商品防伪度，告知消费者相关信息，保障消费者合法权益，而且方便使用。防伪标签还有激光全息图像，这个技术更先进，有防揭、不干胶和烫印三种类型。其他防伪包装设计还包括：防揭的纸基局部揭开式标签、全息通用标签和泡沫薄膜标签，规则揭露式的复合防伪标签，字模防伪聚酯薄膜标签，热敏全息防伪和光敏全息防伪技术，以及用 PVC 材料粘贴出的字体标贴等。在包装宜人化设计方面，做好防伪是一个良好开端，能奠定更坚实的基础。

第三节　平板产品纸包装结构设计创新及其应用

一、产品设计背景

目前平板产品随处可见，例如平板电脑、笔记本电脑、液晶显示屏等，这类产品包装一般都是先将产品放置于泡沫缓冲部件中，然后再整体封装于瓦楞纸箱内，以保护其在流通过程中免受冲击、震动等机械载荷破坏。现有的泡沫缓冲部件大多采用单一的聚苯乙烯泡沫塑料（EPS-expanded polystyrene），或聚乙烯泡沫塑料（EPE-expanded polyethylene），或聚氨酯泡沫塑料（EPU-expanded polyure-thane）等缓冲材料制作而成，存在如下弊端：（1）泡沫塑料生产模具费贵。对于不同形状不同大小的产品均需要对应的制作模具，模具费贵。（2）泡沫塑料材料难以自然降解，且难以回收，易污染环境。（3）泡沫缓冲部件在未包装前不能折叠，因此占用的仓储空间和运输空间大，仓储成本和运输成本高，尤其不利于长途运输。

二、一种平板产品用的瓦楞纸包装容器

（一）结构设计内容

一种平板产品的瓦楞纸包装容器，不仅提供制备方便、无污染、易回收、仓储物流方便且包装成本低。

本设计采用的技术方案是：一种平板产品用的瓦楞纸包装容器，包括瓦楞纸外包体和两个瓦楞纸折叠缓冲部件。

所述瓦楞纸折叠缓冲部件由缓冲部件Ⅰ和两个缓冲部件Ⅱ组成，两个缓冲部件Ⅱ设置在缓冲部件Ⅰ的两端并与缓冲部件Ⅰ垂直连接。

瓦楞纸外包体盒身、盒盖和卡板，盒身的一侧与盒盖的一侧连接，盒盖的两端分别设有卡板，卡板与盒盖垂直连接，盒盖的两端表面上分别设有支撑条Ⅰ，盒身内的盒底上设有两个支撑条Ⅱ，每一个支撑条Ⅱ与盒身的盒壁之间设有一个瓦楞纸折叠缓冲部件，两个缓冲部件Ⅰ之间的垂直间距与支撑条Ⅱ的长度相等。

所述的缓冲部件Ⅰ和两个缓冲部件Ⅱ均为长条状。

所述的支撑条Ⅰ与盒盖之间设有支撑腔Ⅰ，支撑条Ⅱ与盒身的盒底之间设有支撑腔Ⅱ。

所述的两个缓冲部件Ⅰ之间的垂直间距与支撑条Ⅰ的长度相等。

所述的缓冲部件Ⅰ和两个缓冲部件Ⅱ上均设有缓冲槽。

所述的卡板的长度与盒身内腔的宽度一致。

（二）附图说明

图 5-1 所示为该设计的结构示意图。

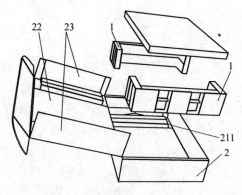

图 5-1　结构示意图

图 5-2 所示为该设计的瓦楞纸折叠缓冲部件的结构示意图。

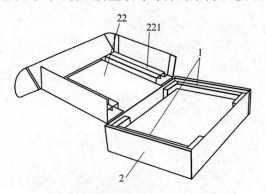

图 5-2　瓦楞纸折叠缓冲部件的结构示意图

图 5-3 所示为该设计的瓦楞纸外包体的结构示意图。

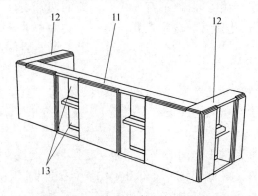

图 5-3　瓦楞纸外包体的结构示意图

图 5-4 所示为该设计的使用状态的结构示意图。

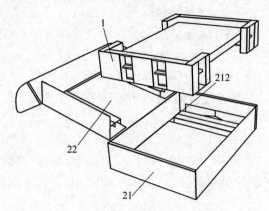

图 5-4 使用状态的结构示意图

图 5-5 所示为该设计的安装结构示意图。

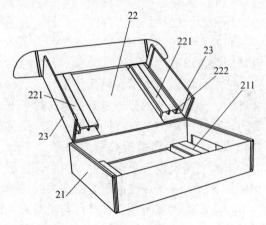

图 5-5 安装结构示意图

图 5-1~图 5-5 中：1—瓦楞纸折叠缓冲部件；11—缓冲部件 I；12—缓冲部件 II；13—缓冲槽；2—瓦楞纸外包体；21—盒身；211—支撑条 II；212—支撑腔 II；22—盒盖；221—支撑条 I；222—支撑腔 I；23—卡板。

（三）具体实施方式

如图 5-1~图 5-5 所示，一种平板产品用的瓦楞纸包装容器，包括瓦楞纸外包体 2 和两个瓦楞纸折叠缓冲部件 1。

所述的瓦楞纸折叠缓冲部件 1 由缓冲部件 I 11 和两个缓冲部件 II 12 组成，两个缓冲部件 II 12 设置在缓冲部件 I 11 的两端并与缓冲部件 I 11 垂直连接。

所述的瓦楞纸外包体 2 盒身 21、盒盖 22 和卡板 23，盒身 21 的一侧与盒盖

22 的一侧连接，盒盖 22 的两端分别设有卡板 23，卡板 23 与盒盖 22 垂直连接，盒盖 22 的两端表面上分别设有支撑条Ⅰ221，盒身 21 内的盒底上设有两个支撑条Ⅱ211，每一个支撑条Ⅱ211 与盒身 21 的盒壁之间设有一个瓦楞纸折叠缓冲部件 2，两个缓冲部件Ⅰ11 之间的垂直间距与支撑条Ⅱ211 的长度相等。

所述的缓冲部件Ⅰ11 和两个缓冲部件Ⅱ12 均为长条状。

所述的支撑条Ⅰ221 与盒盖 22 之间设有支撑腔Ⅰ222，支撑条Ⅱ211 与盒身 21 的盒底之间设有支撑腔Ⅱ212。

所述的两个缓冲部件Ⅰ11 之间的垂直间距与支撑条Ⅰ221 的长度相等。

所述的缓冲部件Ⅰ11 和两个缓冲部件Ⅱ12 上均设有缓冲槽 13。

所述的卡板 23 的长度与盒身 21 内腔的宽度一致，保证盖紧盒盖时，卡板能卡入盒身内。

该设计的技术方案是包括瓦楞纸外包体，还包括设置于瓦楞纸外包体内的瓦楞纸折叠缓冲部件，瓦楞纸折叠缓冲部件设计成自卡扣结构，由瓦楞纸板模切后可折叠成"U"形部件。瓦楞纸外包体具有两个功能：一是起到外观盒的作用，二是与瓦楞纸折叠缓冲部件形成缓冲结构，并固定产品。为了缓冲保护产品，瓦楞纸包装容器内部上下面的两侧各有一条形空心支撑；为了固定产品，条形空心支撑与瓦楞纸包装容器内壁也形成"U"形容纳槽，当瓦楞纸折叠缓冲部件卡入其中时会形成一空腔，产品可以紧凑地卡在里面。

支撑条Ⅱ置于盒身内，盒身的两侧分边设有一个支撑条Ⅱ，支撑条Ⅱ与相邻三侧的盒壁有一定间距，在该间距内卡有瓦楞纸折叠缓冲部件，瓦楞纸折叠缓冲部件安装完成之后与盒身贴合，瓦楞纸折叠缓冲部件为"凹"字形，两个瓦楞纸折叠缓冲部件中间的卡槽之间可设有平板产品，两个瓦楞纸折叠缓冲部件将平板产品卡紧，同时支撑条Ⅱ设置在平板产品下方起支撑缓冲作用。

当盖上盒盖时，卡板卡在瓦楞纸折叠缓冲部件与盒身之间的缝隙内，支撑条Ⅰ压入瓦楞纸折叠缓冲部件的凹槽内，对平板产品进行压紧，在压紧平板产品的同时，起缓冲作用，防止对平板产品划伤。

三、一种平板状产品用瓦楞纸护角及其制作方法

（一）结构设计内容

本设计提供制备方便、无污染、易回收、仓储物流方便且包装成本低的一种平板状产品用瓦楞纸护角。

本设计有益效果为：

（1）该设计的 4 个缓冲小部件紧密固定结合形成护角，使用 4 个这样的护角，可对处于包装内部的产品具有一定的缓冲保护作用。

（2）该设计结构紧凑，外形美观，可用作像平板消费电子、电气开关、医

疗器械等的销售内包装缓冲体。

（3）该设计的实施不使用模具，相较于模塑模具价格便宜，所用的材料瓦楞纸板相较于其他缓冲材料也具有成本优势，所以该设计在实施过程中具有成本优势。

（4）充分利用瓦楞纸板价格便宜，易于回收且易翻折的特点，该瓦楞纸护角实现了对平板产品的包装，解决了传统的平板产品包装成本高、模具制作费贵、易污染环境等问题，而且该设计全部采用瓦楞纸板折叠组合而成，因此在包装前，瓦楞纸板可以充分堆叠在一起，占用仓储空间和运输空间较小，节约物流成本。

（二）附图说明

图 5-6~图 5-13 所示为该设计的产品包装结构示意图。

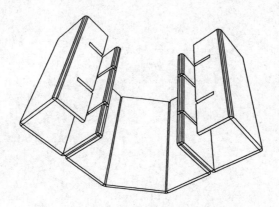

图 5-6 瓦楞纸保护角包装结构示意图（1）

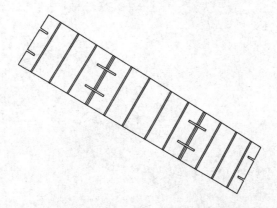

图 5-7 瓦楞纸保护角包装结构示意图（2）

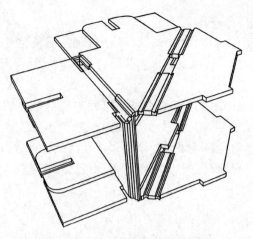

图 5-8   瓦楞纸保护角包装结构示意图（3）

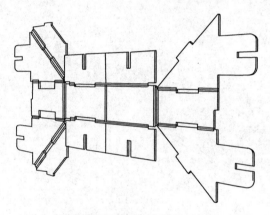

图 5-9   瓦楞纸保护角包装结构示意图（4）

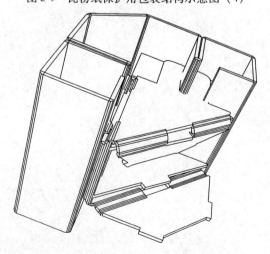

图 5-10   瓦楞纸保护角包装结构示意图（5）

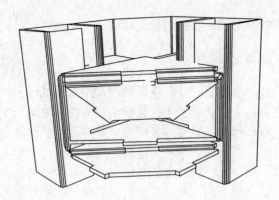

图 5-11 瓦楞纸保护角包装结构示意图（6）

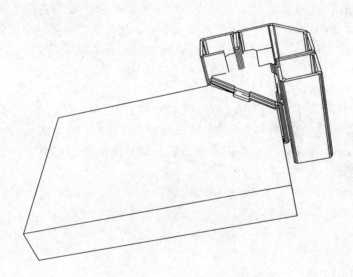

图 5-12 瓦楞纸保护角包装结构示意图（7）

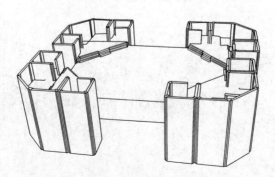

图 5-13 瓦楞纸保护角包装结构示意图（8）

四、一种平板状产品用瓦楞纸内衬结构

（一）结构设计内容

本设计采用的技术方案是：一种平板状产品用瓦楞纸内衬结构，在平板产品的4个角上分别设有一个瓦楞纸护角；瓦楞纸护角由一块纸板折叠而成，其包括呈矩形的瓦楞纸底座和瓦楞纸卡座，瓦楞纸卡座卡设在瓦楞纸底座上，所述的瓦楞纸底座的中部分侧分别连接一个向内弯折的支撑部分，支撑部分为一个横截面为矩形的瓦楞纸腔，两个瓦楞纸腔上分别设有两个卡扣，所述的瓦楞纸卡座由瓦楞纸压板和瓦楞纸架组成，两块相互平行的呈三角形的瓦楞纸架水平插设在瓦楞纸底座内，其两边与瓦楞纸底座的内壁完全贴合，其底边与瓦楞纸压板连接，瓦楞纸压板与瓦楞纸架垂直设置，两块与瓦楞纸架分别连接的瓦楞纸压板相反设置，瓦楞纸压板的顶边与瓦楞纸架的顶面平齐，在瓦楞纸压板的两端分别设有卡孔，卡扣通过卡孔将瓦楞纸压板固定，瓦楞纸底座与瓦楞纸卡座组成三个相互平行的缓冲腔。

该设计的有益效果为：

（1）该设计采用4个护角组合的形式对平板产品进行保护，每个护角具有多层空腔，同时侧边的支撑部分具有支撑及缓冲的作用外，还节省材料。

（2）两个支撑冲分的空腔向外侧设置，与瓦楞纸中部围成中部空腔，三个空腔呈品字对平板产品进行保护。

（3）将护角隔为三层，中层用于放置平板产品，平板产品上下层的缓冲腔可对平板产品进行更好的保护。

（二）附图说明

图5-14所示为设计的结构示意图。

图5-15所示为设计的瓦楞纸护角的结构示意图。

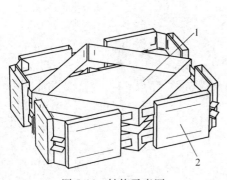

图5-14　结构示意图

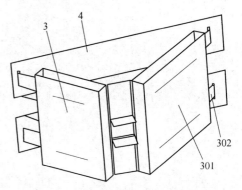

图5-15　瓦楞纸护角的结构示意图

图 5-16 所示为本设计的瓦楞纸护角的另一角度的结构示意图。

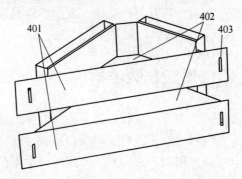

图 5-16　瓦楞纸护角的另一角度的结构示意图

图 5-14～图 5-16 中：1—平板产品；2—瓦楞纸护角；3—瓦楞纸底座；301—瓦楞纸腔；302—卡扣；4—瓦楞纸卡座；401—瓦楞纸压板；402—瓦楞纸架；403—卡孔。

（三）具体实施方式

如图 5-14～图 5-16 所示，一种平板状产品用瓦楞纸内衬结构，在平板产品 1 的 4 个角上分别设有一个瓦楞纸护角 2；瓦楞纸护角 2 由一块纸板折叠而成，其包括呈矩形的瓦楞纸底座 3 和瓦楞纸卡座 4。瓦楞纸卡座 4 卡设在瓦楞纸底座 3 上，所述的瓦楞纸底座 3 的中部分侧分别连接一个向内弯折的支撑部分。支撑部分为一个横截面为矩形的瓦楞纸腔 301，瓦楞纸腔 301 位于瓦楞纸底座外侧，两个瓦楞纸腔 301 与瓦楞纸底座 3 中间平整的部分围成一个凹腔，凹腔具有缓冲作用，与两侧的瓦楞纸腔 301 组成围绕平板产品的缓冲部件。两个瓦楞纸腔 301 上分别设有两个卡扣 302，卡扣 302 设置在瓦楞纸底座 3 的两端，卡扣可采用长条纸带的形式。所述的瓦楞纸卡座 4 由瓦楞纸压板 401 和瓦楞纸架 402 组成，两块相互平行的呈三角形的瓦楞纸架 402 水平插设在瓦楞纸底座 3 内，其两边与瓦楞纸底座 3 的内壁完全贴合，其底边与瓦楞纸压板 401 连接。瓦楞纸压板 401 与瓦楞纸架 402 垂直设置，两块与瓦楞纸架 402 分别连接的瓦楞纸压板 401 相反设置，瓦楞纸压板 401 的顶边与瓦楞纸架 402 的顶面平齐，在瓦楞纸压板 401 的两端分别设有卡孔 403，卡扣 302 通过卡孔 403 将瓦楞纸压板 401 固定，卡孔 403 为一条缝隙，刚好使卡扣穿过，瓦楞纸底座 3 与瓦楞纸卡座 4 组成三个相互平行的缓冲腔，最上层的第一层缓冲腔为瓦楞纸底座与上层瓦楞纸架、上层瓦楞纸压板组成的空腔，中层的第二层缓冲腔为瓦楞纸底座与两层瓦楞纸架围成的空腔，用于插入平板产品的一个角，最下层的第三层缓冲腔为瓦楞纸底座与下层瓦楞纸架、下层瓦楞纸压板组成的空腔，用于支撑与缓冲。

　　将4个瓦楞纸护角2插入平板产品的4个角中，4个护角相互对接，4个护角的瓦楞纸压板两端两两相接，相互对接支撑，在平板产品顶端可形成5个用于缓冲的空腔。

第四节　电饭煲纸包装结构设计创新及其应用

　　缓冲包装又称防震包装，在各种包装方法中占有重要的地位。产品从生产出来到开始使用要经过一系列的运输、保管、堆码和装卸过程，置于一定的环境之中。在任何环境中都会有力作用在产品之上，并使产品发生机械性损坏。为了防止产品遭受损坏，就要设法减小外力的影响，所谓缓冲包装就是指为减缓内装物受到冲击和振动，保护其免受损坏所采取的一定防护措施的包装。纸类缓冲包装是一种可完全回收或降解的缓冲包装，有较高的环保性。但类似纸塑这样的包装方式由于其较差的缓冲性能和承重性能，在针对缓冲要求高、重量大、形状不规则、产品类型变化多之类的产品时并不适用。为了改善这些缺点，就需要对纸类包装材料进行合理的结构设计。

　　本设计对象电饭煲是典型的白色小家电，由于其方便易用等特性，已渐渐走入每个家庭的厨房。它的包装的稍微变更，不仅影响到制造商和消费者，也会对自然环境产生一定影响。本设计结合电饭煲的力学性能，充分发挥瓦楞纸板的缓冲性能，来实现电饭煲的绿色清洁全纸化包装方案，并通过结构优化力求达到方案的高效。从消费者的角度来看，现在的消费不仅仅是实用，还应该是一种享受，消费者要购买的不仅是产品本身的使用价值，还有购买产品时所带来的身心的愉悦，这就要求包装设计师要根据市场的变化、根据消费者的需求设计出让消费者满意的产品包装。那些原始粗糙方式的包装在以前短途的运输、低消费水平时期尚可，如果在现在的装卸环境下，以及长时间、远距离的运输时对商品的保护性能就会大打折扣，更不要说起到促销作用。

一、电饭煲纸包装结构设计概述

　　电饭煲，又称作电锅、电饭锅，是利用电能转变为内能的炊具，使用方便，清洁卫生，还具有对食品进行蒸、煮、炖、煨等多种操作功能。常见的电饭锅分为保温自动式、定时保温式以及新型的微电脑控制式三类，已经成为日常家用电器。电饭煲的设计应用缩减了很多家庭花费在煮饭上的时间。而世界上第一台电饭煲，是由日本人井深大的东京通信工程公司设计于20世纪50年代。

　　其实电饭煲背后的原理并不复杂，当饭煮好的时候，电饭煲内的水便会蒸发，由液态转为气态。物体由液态转为气态时，要吸收一定的能量，叫作"潜热"。这时候，温度会一直停留在沸点。直至水分蒸发后，饭煲里的温度便会再次上升。电饭煲里面有温度计和电子零件，当它发现温度再次上升时，便会自动停止煮饭。

目前，市场上电饭煲的包装形式为销售瓦楞纸外箱和缓冲性结构 EPS 泡沫。这种缓冲结构会对产品产生很好的保护作用，包装效率高，而且具有成本优势，目前占据电饭煲包装的绝大部分市场。但这种方案很不环保，在欧美发达国家 EPS 已经被仅用于包装。随着我国环保意识的提高，清洁的电饭煲包装方案将会得到应用。

整体包装，也叫完整包装、整体包装、整合包装。这是一种新的包装经营模式。简而言之，就是整合包装是在整个包装链上，提供完整包装方案，从而达到保护产品的效果。

（一）产品具体信息

本设计的产品是奔腾 PFFY4098T 电饭煲，是由上海奔腾企业集团有限公司研发制造，具有热得快、省电、使米在高压下煮熟、更好地释放营养、口感最佳等特性，主要作为厨房电器用于日常生活，产品如图 5-17 所示。

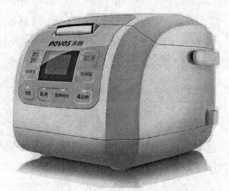

图 5-17　奔腾 PFFY4098T 电饭煲

奔腾 PFFY4098T 电饭煲的各种参数见表 5-1。

表 5-1　奔腾 **PFFY4098T** 电饭煲产品参数

型号	PFFY4098T
尺寸/mm	420×270×270
容量/L	4.0
毛重/kg	3.5
适合人数/人	2~5
显示方式	数码显示

续表 5-1

内胆	2mm 金色涂层内胆
额定电压/频率（V/Hz）	220/50
额定功率/W	860
加热方式	底部加热
附件清单	饭勺、汤勺、量杯、蒸笼、电源线、说明书、保修卡
保修说明	执行"国家新三包规定"实行全国联保

（二）产品的流通环境分析

产品和物资流通是经济活动中重要的组成部分，它以生产工厂为起点，以消费者为终点。广义上讲，它包括了商品及包装的运输、中转、装卸、仓储、陈列、销售等环节。

该设计主要考虑产品的内销，即主要考虑商品国内的流通环境及人为因素给商品带来的损坏。此产品的流通链中包括卡车、火车等交通运输工具，需要经过多次人工或机械装卸，若干次仓储堆码作业。而商品只有经受住这些外部因素的考验安全到达目的地，才能实现其价值，表现出社会经济效益。

当今包装新技术层出不穷，如缓冲防震包装、集合包装、儿童安全包装、防伪包装、保鲜包装、真空包装等。就瓷碗来说，应当重点考虑的是装卸阶段的包装和运输阶段的包装。

（1）装卸搬运环节。一般情况下，长途的运输包装都要经过人工和机械作业两个阶段。作业中，抛掷、堆垛倒塌、起吊脱落、装卸机械的突然启动和过急的升降都会造成跌落冲击损害。在 ISTA 1A 标准下，重 0~10kg 的物品的理论跌落高度是 76cm，该设计方案参照 ISTA 1A 标准，选定跌落高度为 76cm；集合包装装卸都由两人搬运，这样会更安全一些。

（2）运输环节。长途运输过程中的主要运输工具有汽车、火车等，在短途运输过程中要用到电瓶拖车、铲车、手推车等。运输过程中对产品造成伤害的原因有：1）运输工具在启动、变速、转向、刹车时会使产品改变速度，如果产品堆放的较散的话，就会导致产品与运输工具、产品与产品之间碰撞，导致包装件或产品的损坏。2）在运输过程中因路况的变化、路轨的接缝、发动机振动、车辆避震性能等原因会导致运输工具周期性的上下颠簸和左右摇晃。运输工具不同，振动振幅和频率范围也各不相同。3）因为是在全国范围内运输，要经过不同的气候区域，受到寒冷、炎热、干燥、潮湿、风雨等气候因素的影响。若货物包装件结构不当、材料薄弱、封闭不严，则会使产品损坏。

（3）储存环节。储存是商品流通链中重要一环。货物储存方法，堆码重量、高度，储存周期，储存地点，储存环境（如光、风、雨、虫、霉、鼠、尘、有害气体等）直接影响产品包装件的流通安全性，仓库的建筑结构形式对储存环境中温度、湿度、气压等因素影响甚大。

运输及储存时，为了节省面积常需要将货物堆高，堆码后底部货物包装件将承受上部货物的重压，这种静载压力会导致包装容器变形，影响到包装外观及其动态保护性能。据调查，一般仓库堆码高度为 3~4m，汽车内堆高限为 3m，因此，设计时还须校核包装容器的堆码承压强度，以确保货物在运输和储存时的安全。

二、方案一：纸包装结构优化设计

折叠型瓦楞纸质缓冲衬垫是近几年发展起来的一种新型"绿色包装"缓冲制品。它由瓦楞纸板经过开槽、压痕、折叠、拆装、粘接等方法制成，日本一些著名的电器公司，如 Panasonic、TOSHIBA、NEC 等都已采用折叠型瓦楞纸质缓冲垫作为其产品的内包装。

折叠型瓦楞纸质缓冲垫与纸浆模塑缓冲垫相比，其设计、生产、使用更具灵活性、可靠性。

缓冲制品的缓冲性能优越包含着两大要素：（1）能够承受被包装产品跌落时产生的冲击载荷；（2）能够产生弹性形变，迅速吸收被包装产品跌落时发生的能量变化（势能→动能），起到保护被包装产品的作用。

对折叠型瓦楞纸质缓冲垫而言，不仅因为瓦楞纸本身是由面纸、芯纸、里纸黏结而成，因为其中有许多空隙、空气，所以有良好的缓冲性能；而且，通过折叠与拆装、粘接，其局部构成一些类似瓦楞纸箱的结构，从而使其具有更强的抵御冲击并迅速吸收冲击能量的优越的缓冲性能。

折叠瓦楞纸质缓冲衬垫在设计、制作和使用上具有很大的灵活性、可靠性，又符合一般定义上的环保要求，因此有良好的发展前景。

第一，它可由技术人员根据不同的产品设计各种不同的折叠、拆装形式，以满足不同的缓冲要求。由于折叠、拆装的形式可以千变万化，而且包装界的技术人员对各种各样折叠式包装纸盒的结构形式、展开图等又了解甚多，设计能力较强。在设计折叠型瓦楞纸质缓冲垫时，其所需知识有相通之处，易于进入状态，展开广阔的设计空间，充分显示出纸质缓冲垫的设计灵活性强的优点。

第二，经过技术人员对其设计的纸质缓冲垫各不同部位的抗压强度的初步计算，可使其承载能力达到合理分布。例如在被包装产品重量的主要支撑点，缓冲垫应相应设计成承载能力较强的箱型结构，既充分保证对被包装产品的保护，又能合理地利用资源，避免浪费，使设计更科学。

第三，制作折叠型瓦楞纸质缓冲垫，不需制作专门的模具，试验成本低。试制品制成后用实物进行测试、检测，以验证其设计效果，可使纸质缓冲垫的缓冲性能更加可靠，从而有利于推广。在对中、小批量的产品进行缓冲包装设计时，其试制的低成本和缓冲性能的可靠性将更具吸引力。

第四，对所设计的缓冲垫的缓冲性能不够满意时，易于调整、完善。例如适当改变某些折叠、拆装结构；调整瓦楞原纸的强度、楞型、层数等；对运输、仓储条件差的产品缓冲衬垫作防潮处理；当产品高度较大时在产品四角加上纸质角纸支撑等以最终完善设计。

目前国内电饭煲的包装主要是采用 EPS 作为缓冲材料，当传统泡沫衬垫包装的产品销往发达国家时，常遇到以环保为屏障的绿色贸易壁垒。瓦楞纸板因无污染、可再生、具有良好的缓冲性能等优点，在包装中得到广泛应用。

由于瓦楞纸板的力学理论较少，而且生产瓦楞纸板时的性能控制也不像 EPE、EPS 等泡沫性能稳定。瓦楞纸板折叠式缓冲结构设计往往要靠设计师的经验和测试来验证。根据大量的研究测试发现，当瓦楞纸板结构设计较复杂时，其缓冲性能就更接近于 EPS，其结构的不同也决定了不同的缓冲性能，折叠型瓦楞纸缓冲衬垫的承载能力可以进行初步的估算。

（一）缓冲衬垫结构设计

1. 方案一设计简析

缓冲包装衬垫是将瓦楞纸板经过模切、压痕后制成平面的基板，再经过折叠、镶嵌、组装，使其从二维平板结构变成三维空间结构的缓冲包装衬垫。具体来说，它包括一个衬垫体，用于沿被包装体六个面将其卡住，起到包装衬垫的保护作用。同时整个衬垫外部设计成类似瓦楞纸箱的结构，内部设计缓冲结构，电饭煲类产品附件放置于产品内部。

整个衬垫的各个结构相互配合呼应可实现六个方向的定位与缓冲保护。整个缓冲衬垫组装后如图 5-18 所示。

为了增加缓冲衬垫的 2 面、4 面和 3 面的缓冲效果，同时方便从外箱里取出产品，在缓冲衬垫和外箱之间加了一层开有提手的衬板，效果如图 5-19 所示。

对于整个缓冲衬垫的设计方法，首先将瓦楞纸板按各个部分经过模切、压痕后制成基板，其中基板适当位置留有渗出的舌部结构，舌部设置有折线和插槽开口，舌部和插槽相互插接，形成自锁结构，使整个缓冲结构一体并牢牢固定产品。

缓冲衬垫外尺寸为 480mm×360mm×345mm。缓冲距离的选择：2 面、4 面缓冲距离为 30mm，5 面、6 面缓冲距离为 45mm，1 面缓冲距离为 45mm，3 面缓冲距离为 30mm。

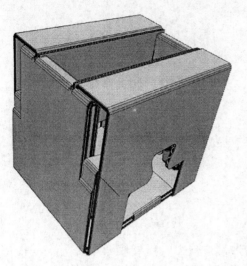

图 5-18　方案一缓冲衬垫 1　　　　　　　　　　图 5-19　方案一缓冲衬垫 2

2. 方案一缓冲衬垫各个部件介绍

缓冲衬垫主要由三部分组成，每部分材质均为 T26250/M18140/T26250 的 B 型楞瓦楞纸板。为了方便清楚地说明各个部分的成型方法和部分之间的组装方法，先给各个部分取个名字：2-4-3 缓冲部件、3-1 外卡扣和 5-6 缓冲加强条。

2-4-3 缓冲部件由 2 个完全一样的基板构成，成型过程和结构如图 5-20 和图 5-21 所示。

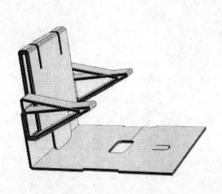

图 5-20　2-4-3 缓冲部件　　　　　　　　　图 5-21　2-4-3 缓冲部件整体结构

5-6 缓冲加强条由一片条状带压痕基板构成，成型过程和结构如图 5-22 所示。

3-1 外卡扣由一片带压痕基板构成，成型过程和结构如图 5-23 所示。

图 5-22　5-6 缓冲加强条结构

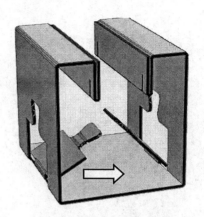

图 5-23　3-1 外卡扣结构

　　基板主体结构预折后，先将 2-4-3 缓冲部件成型；再将成型好的 5-6 缓冲加强条塞进 2-4-3 缓冲部件的左右 4 个围框里来加强对产品 5 面、6 面的缓冲；接着将 3-1 外卡扣中间的结舌插入 2-4-3 缓冲部件底部预留的开槽里，使 2-4-3 缓冲部件和 3-1 外卡扣连接起来；最后将产品放在上面，竖起 2-4-3 缓冲部件并将 3-1 外卡扣两端的卡槽插入 2-4-3 缓冲部件上部的开槽里，从而将整个缓冲衬板组装成一个整体。

　　最终将缓冲衬板和提手衬板一起放进外箱里，整体效果如图 5-24 所示。

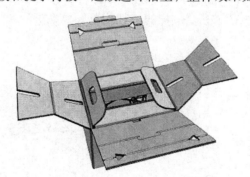

图 5-24　方案一整体效果

（二）产品的销售包装外箱设计

1. 材料的选择

　　由于内装物重量不是很重，所以采用单瓦楞纸板，楞型选择 B 型，因为 B 型楞瓦楞纸板平压强度较高，适合于包装较硬的产品。由于瓦楞间距较小，面纸比较平坦，印刷效果较好，且容易加工，所以选用 B 型楞瓦楞纸板作为瓷碗的内包装是很合适的。这种瓦楞纸板的厚度约为 2.5～3.0mm，瓦楞数为（50±2）楞/

300mm，楞率的理论值为 1.36。这种瓦楞纸板的定量选为（280±16.0）g/m²（T34280/M18140/T34280），该材质的纸板具有很好的印刷效果和挺度。

2. 销售包装箱的确定

为了让产品能顺利地装入销售包装箱内，又不使产品在销售包装箱内移动，因此，销售包装箱的内尺寸应稍大于缓冲衬垫的外尺寸。为了稍大而取的增量称为公差，用 ΔX_0 表示公差，在该设计中，取 ΔX_0 为 2~3mm，则销售包装箱的内尺寸为：

$$L = 480 + 2 = 482\text{mm}$$
$$B = 360 + 2 = 362\text{mm}$$
$$H = 345 + 2 = 347\text{mm}$$

又因为瓦楞纸板的板厚为 3.0mm，因此纸盒的外尺寸为：

$$L = 482 + 3.0 \times 2 = 488\text{mm}$$
$$B = 362 + 3.0 \times 2 = 368\text{mm}$$
$$H = 347 + 3.0 \times 4 = 359\text{mm}$$

所以销售包装箱的外尺寸为 488mm×368mm×359mm，

包装材料总重量为：$x(\text{g})$。整个包装件的重量：$x(\text{kg})$，本盒采用胶水（醋酸乙烯黏合剂）黏结。这两个参数对于包装方案都是至关重要的。

销售包装箱的工程图如图 5-25 所示，模切基板效果图如图 5-26 所示，粘箱成型效果图如图 5-27 所示。

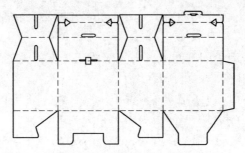

图 5-25 销售包装箱工程图

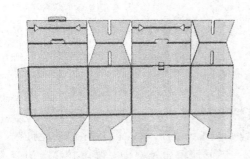

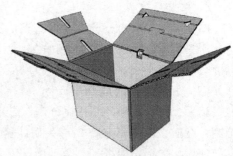

图 5-26 销售包装箱模切基板效果图 图 5-27 粘箱成型后效果图

3. 装潢设计

因为包装的是奔腾电器的一款电饭

煲，销售包装箱的装潢设计采用的是以上海奔腾企业（集团）有限公司的标准色——中国红作为装潢设计的背景色和主色调，这样也会给人一种喜庆的感觉，销售包装箱上的电饭煲代表了包装品的性质，以白色为基调的产品给人的感觉是清新的，销售包装箱的装潢设计对该款电饭煲概况做了相应的介绍，并传达出一定的企业文化。

（三）运输包装设计

考虑到运输空间的利用率和托盘化运输，来设计运输包装箱。ISO 承认 4 种托盘的国际规格：1200mm × 800mm、1200mm × 1000mm、1219mm × 1016mm、1100mm×1100mm。通过计算该设计选择规格为 1200mm×1000mm 的托盘，托盘利用率为 0.93375。

该设计采用一个纸箱装入 2×3×1＝6 个小包装件，内装物重量估计在 4.0kg×6＝24kg，装箱稍重，但也在合理范围内，可采用两个人搬的形式。采用重叠堆码方式，装箱时长度方向 2 个，宽度方向 3 个，高度方向 1 个，即装箱为 2×3×1 形式，这些都符合要求，如图 5-28 所示。

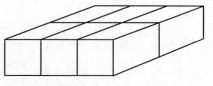

图 5-28　销售包装的装箱设计

1. 内装物外廓尺寸的确定

用 Δ 表示销售包装件间的间隙，用 n 表示三个方向上的销售包装件的个数，并取 $\Delta=1\text{mm}$，于是内装物的外廓尺寸为

$$L_o = n_l + (n - 1)\Delta = 3 \times 368 + (3 - 1) \times 1 = 1106\text{mm}$$
$$B_o = n_b + (n - 1)\Delta = 2 \times 488 + (2 - 1) \times 1 = 977\text{mm}$$
$$H_o = n_h + (n - 1)\Delta = 1 \times 359 + (1 - 1) \times 1 = 359\text{mm}$$

所以内装物的最大综合尺寸为：1106+977+359＝2442mm。

2. 箱型和纸板的选取

（1）箱型的选取。选用 0201 型瓦楞纸箱。这种纸箱箱底平整，箱坯面积最小，用料最省，经济效益最高，也最常用。不足之处是箱底强度稍低，但可以用强度较高的胶带来弥补。

（2）瓦楞纸板的选取。

第一，瓦楞纸板的结构设计。U 形瓦楞柔软富有弹性，只要变形不超出弹性范围，在撤去平面压力后 U 形瓦楞能迅速恢复原来的形状，且 U 形瓦楞能提高轧裱速度。但瓦楞原纸和黏合剂用量较大；V 形瓦楞比较坚硬，强度较高，但变形一旦超出弹性范围瓦楞就被压溃，完全丧失弹性，V 形楞的瓦楞芯纸和黏合剂的用量较少；CB 型瓦楞高度和间距最大，柔软且富有弹性，缓冲性能较好。考虑到产品质量不是很重，且不特别精密，故选用双层 UV 形 CB 型瓦楞纸板。

第二，瓦楞纸板的选择。本产品因为生产厂家在我国境内，本设计也主要考虑的是国内的销售，所以是属于内销产品。"内销产品选用第二类瓦楞纸板"，所以本设计选用第二类瓦楞纸板。由于内装物最大重量为 24kg 左右，最大综合尺寸为 2442mm，故依据表 5-2，选用第四种瓦楞纸板。本产品对强度的要求较高，可选用双瓦楞纸板。

综上所述，本产品选用第二类第十种双瓦楞纸板，编号为 D-2.5。由表 5-3可知，此种纸板的耐破强度为 2158kPa，边压强度为 10290N/m，戳穿强度为 12.7J。

第三，面纸（箱板纸）的选择。本产品属于内销一般产品，所以内外面纸都可选择 V 形 D 等板纸。瓦楞纸板表见表 5-2，瓦楞纸板的技术参数见表 5-3。

表 5-2 瓦楞纸板表（GB 6543—1986）

纸箱种类	内装物最大重量/kg	最大综合尺寸/mm	瓦楞纸板代号		
			1 类	2 类	3 类
单瓦楞纸箱	5	700	S-1.1	S-2.1	S-3.1
	10	1000	S-1.2	S-2.2	S-3.2
	20	1400	S-1.3	S-2.3	S-3.3
	30	1750	S-1.4	S-2.4	S-3.4
	40	2000	S-1.5	S-2.5	S-3.5
双瓦楞纸箱	15	1000	D-1.1	D-2.1	D-3.1
	20	1400	D-1.2	D-2.2	D-3.2
	30	1750	D-1.3	D-2.3	D-3.3
	40	2000	D-1.4	D-2.4	D-3.4
	55	2500	D-1.5	D-2.5	D-3.5

表 5-3 瓦楞纸板技术指标（GB 6544—1986）

纸板代号	耐破强度/kPa	边压强度/N·m^{-1}	戳穿强度/J
D-2.1	686	6370	6.9
D-2.2	980	7350	8.3
D-2.3	1373	7350	9.8
D-2.4	1765	9310	10.8
D-2.5	2158	10290	12.7

由

$$p = 0.95 \sum \sigma_b$$

式中 p——瓦楞纸板的耐破强度；

σ_b——箱板纸的耐破强度。

得每层箱板纸的耐破强度

$$\sigma_b = \frac{p}{0.95 \times 5} = \frac{2158}{4.75} = 454.3 \text{kPa}$$

D 等箱板纸的耐破指数为 $1.10 \text{kPa} \cdot \text{m}^2/\text{g}$，根据 $\sigma_b = rQ$ 计算定量

$$Q = \frac{\sigma_b}{r} = \frac{454.3}{1.1} = 413 \text{g/m}^2$$

选定量为 $(420 \pm 21.0) \text{g/m}^2$ D 等箱板纸，其箱板技术指标见表 5-4。其耐破指数为 $1.10 \text{kPa} \cdot \text{m}^2/\text{g}$，其横向环压指数为 $5.20 \text{N} \cdot \text{m/g}$，横向耐折度为 4 次。

表 5-4　箱板纸技术指标 (GB 13024—1991)

指标名称		单位	规　定				
			A	B	C	D	E
定量		g/m²	200 ± 10.0	320 ± 16.0		310 ± 15.5	
			230 ± 11.5	340 ± 17.0		360 ± 18.0	
			250 ± 12.5	360 ± 18.0		420 ± 21.0	
			280 ± 14.0	420 ± 21.0		475 ± 23.0	
			300 ± 15.0			530 ± 26.5	
紧度（不小于）		g/m²	0.72	0.70	0.65	0.60	0.60
耐破指数（不小于）	200~230g/m²	kPa · m²/g	2.95	2.65	1.50	1.10	0.90
	≥250g/m²		2.75				
横向环压指数（不小于）	200~230g/m²	N · m/g	8.40	8.40	6.00	5.20	4.90
	≥250g/m²		9.70				
横向耐折度（不小于）	≤340g/m²	次	80	50		6	3
	360g/m²		80	50	18	5	2
	420g/m²		80	50	14	4	2
	475g/m²		80	50	10	3	1
	530g/m²		80	50			1
吸水性（正/反）（不大于）		g/m²	35.0/50.0	40.0/—	60.0/—	—	—
交货水分		%	8.0 ± 2.0	9.0 ± 2.0	11.0 ± 2.0	11.0 ± 3.0	11.0 ± 3.0

第四，瓦楞芯纸的选择。内销产品采用 D 等瓦楞芯纸，选定量为 $(112 \pm 6.0) \text{g/cm}^2$ 的 D 等瓦楞芯纸，其横向环压指数为 $3.2 \text{N} \cdot \text{m/g}$。

第五，瓦楞纸板定量及耐破强度的修正。淀粉黏合剂的定量为 $80 \sim 100 \text{g/m}^2$，本设计选用定量为 90g/m^2 的淀粉黏合剂。

瓦楞芯纸技术指标见表 5-5，C 型楞瓦楞纸板的瓦楞展开系数为 1.46（见表 5-6），B 型楞瓦楞纸板的瓦楞展开系数为 1.36。依据瓦楞纸板重量 = 内、外面纸

及各中间垫纸定量之和+$\sum$（瓦楞芯纸定量×瓦楞展开系数）+黏合剂定量可以得到：

瓦楞纸板的定量 $= 441 \times 3 + 112 \times 1.46 \times 1 + 112 \times 1.36 \times 1 + 90 = 1729 \text{g/m}^2$

根据 $p = 0.95 \sum rQ$ 得瓦楞纸板的耐破强度：

$$P = 0.95 \times 1.1 \times 441 \times 3 = 1326.14 \text{kPa}$$

表 5-5　瓦楞芯纸技术指标（GB 13023—1991）

指标名称		单位	规定			
			A	B	C	D
定量		g/cm²	112.0 ±6.0　160.0 ±8.0 127.0 ±6.0　180.0 ±9.0 140.0 ±7.0　200.0 ±10.0			
横向环压 指数	112g/cm²	N·m/g	6.5	5.0	3.5	3.0
	127~140g/cm²		7.1	5.8	4.0	3.2
	160~200g/cm²		8.4	7.1	5.0	3.2
纵向断裂长		km	4.00	3.5	2.5	2.00
交货水分		%	8.0 ±2.0	9.0 ±2.0	9.0 ±2.0	9.0 ±2.0

表 5-6　瓦楞纸板的瓦楞展开系数

瓦楞形式	A	C	B	E
展开系数	1.53	1.46	1.36	1.25

3. 瓦楞纸箱的尺寸设计

由前面的计算可知内装物的外廓尺寸如下：

$$L_0 = 1106\text{mm};\ B_0 = 977\text{mm};\ H_0 = 359\text{mm}$$

（1）纸箱内尺寸的确定。公差 ΔX_0 在长度与宽度方向上取值应为 3~7mm，本设计取 6mm，高度方向中型箱应取 3~4mm，本设计取 3mm，则：

$$L' = L_0 + \Delta X_0 = 1106 + 6 = 1112\text{mm}$$

$$B' = B_0 + \Delta X_0 = 977 + 6 = 983\text{mm}$$

$$H' = H_0 + \Delta X_0 = 357 + 3 = 360\text{mm}$$

（2）纸箱制造尺寸的确定。见表 5-7，CB 型瓦楞纸板的 02 型箱的 L_1、L_2、B_1、B_2、H 的伸放量分别为 7mm、7mm、7mm、4mm、14mm，则纸箱的制造尺寸的计算方法如下：

$$L_1 = L' + \Delta X' = 1112 + 7 = 1119\text{mm}$$

$$L_2 = L' + \Delta X' = 1112 + 7 = 1119\text{mm}$$

$$B_1 = B' + \Delta X' = 983 + 7 = 990\text{mm}$$

$$B_2 = B' + \Delta X' = 983 + 4 = 987\text{mm}$$

$$H = H' + \Delta X' = 360 + 14 = 374\text{mm}$$

表 5-7　02 型箱内尺寸伸放量　　　　　　　　　（mm）

名称	楞　　型			
	A	B	CB	AB
L_1	6	3	7	9
L_2	4	2	7	6
B_1	6	3	7	9
B_2	3	2	4	5
H	9	6	14	18

单瓦楞纸板纸箱接头的制造尺寸应为 35~40mm，本设计取 $J = 40$mm，摇盖的伸放量 $\Delta X'$ 对于 0201 型纸箱，CB 型楞单瓦楞纸板为 2~3mm，则制造尺寸 $F = B_1/2 + \Delta X' = 990/2 + 3 = 498$mm，可取 $F = 498$mm。

（3）外尺寸的确定。对于 CB 型瓦楞 UV 楞单瓦楞纸板，外尺寸长宽加大值 ΔX 取 5~7mm，本设计取 7mm；高度方向加大值取上限，即取 7mm，运用 $X'' = X + \Delta X$ 计算外尺寸如下：

$$L'' = 1119 + 6 = 1125\text{mm}$$

$$B'' = 990 + 6 = 996\text{mm}$$

$$H'' = 374 + 7 = 381\text{mm}$$

4. 瓦楞纸箱的结构设计及黏合处理

（1）每片箱坯的质量计算。箱坯的面积计算：

$$\begin{aligned}
A &= (L_1 + L_2 + B_1 + B_2) \times (H + 2F) + H \times J \\
&= (1119 + 1119 + 990 + 987) \times (374 + 2 \times 498) + 374 \times 40 \\
&= 5.79\text{m}^2
\end{aligned}$$

则每个纸箱的质量 $m = A \times$ 定量 $= 5.79 \times 1729\text{g/m}^2 = 10.010$kg

（2）通风孔及手孔。由于产品不用考虑保鲜通风的因素，所以不用开通风孔。由于箱子是扁平状的，而且内部包装件充满整个运输箱，故不用开手孔。

（3）接合与封箱。利用接头（舌边）将箱坯左右两边合拢并连接起来，这个过程称为接合，产品装箱时利用上下摇盖形成箱底和箱盖的过程称为封箱，接合与封箱的方法有钉合，用胶带黏合和用黏合剂黏合。

钉合多用 U 形镀锌钢钉。钉宽约 35mm，脚长有 12mm、16mm、19mm 三种规格。钢钉截面为矩形，其规格及选用方法见表 5-8。

表 5-8　钉合瓦楞纸板的镀锌扁钢钉规格

规格	宽度/mm	厚度/mm	用　途
16 号	2.25±0.1	$0.72\pm^{0.03}_{0.02}$	五、七层瓦楞箱
18 号	$1.8\pm^{0.10}_{0.05}$	$0.59\pm^{0.02}_{0.01}$	三层瓦楞箱
20 号	1.15±0.05	0.56±0.01	三层瓦楞箱

本设计选用 16 号 U 形双钉钉合，斜向排列布钉，钉的个数 n 按照下列公式计算：

$$n = \frac{W}{Kp}$$

式中　W——箱内产品重量，该方案 W 值为 235.44N；

　　　p——钉的破坏载荷，内销产品 $p = 25$N；

　　　K——强度系数，纵向与斜向排列时取 $K = 1$。

通过计算 n 为 9.4176，钉数为 10 个。钉箱一般为手工操作，间距可由熟练工人酌情布置。

封箱选用宽度为 80mm 的胶带。

5. 瓦楞纸箱的强度校核

（1）瓦楞纸箱的周长。

$$Z = (1125 + 996) \times 2 = 4242\text{mm} = 424.2\text{cm}$$

（2）瓦楞纸箱的综合环压强度计算。瓦楞纸板的综合环压强度为：

$$Px = \sum rQ + \sum Cr_mQ_m$$

式中　r——箱板纸的环压强度指数；

　　　Q——箱板纸的定量；

　　　r_m——瓦楞原纸的环压指数；

　　　C——瓦楞展开系数；

　　　Q_m——瓦楞原纸的定量。

因此瓦楞纸板的综合环压强度为：

$Px = \sum rQ + \sum Cr_mQ_m = 5.2 \times 441 \times 3 + 1.46 \times 3.0 \times 112 + 1.36 \times 3.0 \times 112$

$= 7427.12\text{N/m} \approx 78.3\text{N/cm}$

（3）瓦楞纸箱的抗压强度计算。由表 5-9 知 CB 型楞的楞常数 = 11.10，箱常数取 $J = 1.08$，由上述公式得瓦楞纸箱的抗压强度为：

$$P_c = 1.86Px\left(\frac{aXz}{Z/4}\right)^{2/3} \cdot Z \cdot J$$

$$= 1.86 \times 78.3 \times \left(\frac{11.10}{424.2/4}\right)^{2/3} \times 424.2 \times 1.08$$

$$= 14818\text{N}$$

表 5-9   楞常数与箱常数

楞型	A	B	C	CB	AB
aXz	8.36	5.00	6.10	11.10	13.36
J	1.10	1.27	1.27	1.08	1.01

（4）堆码层数计算。纸箱的堆码强度应满足 $P_c = KW\left(\dfrac{h}{H} - 1\right)$ ，即 $n \leqslant \dfrac{P_c}{KW} + 1$ ，包装件的质量约为 34kg，重约为 340N，即 $W = 340$N，由货物的储存期和储存条件可知，储存期 100 天以上的运输包装件安全系数 $k = 2$，则堆码层数 n：

$$n \leqslant \frac{14818}{2 \times 340} + 1 = 22.79 \text{ 层，取堆码极限为 22 层。}$$

6. 瓦楞纸箱结构及其图案设计

运输包装只要简约，能反映产品即可，所以该设计大部分颜色还是瓦楞纸板本色，这样便于印刷，同时也可节省成本。

三、方案二和方案三：瓦楞缓冲包装结构设计

（一）方案二：缓冲衬垫结构设计

1. 方案设计

缓冲包装衬垫具体来说，它包括 3 个衬垫体，分别为用于对产品底部保护的底部衬垫，对产品四周保护的围框衬垫，和对顶部起保护作用并固定产品与连接各缓冲部件的卡挡。同时整个衬垫外部设计成类似瓦楞纸箱的结构，内部设计缓冲结构，电饭煲类产品附件放置于产品内部。

三个缓冲衬垫的各个结构相互配合呼应可实现 6 个方向的定位与缓冲保护，整个缓冲衬垫组装后如图 5-29 所示。

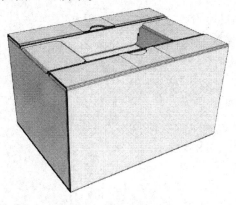

图 5-29   方案二缓冲衬垫

为了方便产品和缓冲衬垫从销售包装箱里取出，卡挡顶部通过开槽形成提手。在对产品顶部起到缓冲保护的同时，卡挡也会增加缓冲衬垫对产品 5 面、6 面和 3 面的保护效果。

对于整个缓冲衬垫的设计方法，首先将瓦楞纸板按各个部分经过模切、压痕后制成基板。其中卡挡基板由两部分组成，并在适当位置留有渗出的舌部结构，舌部设置有折线和插槽开口，舌部和插槽相互插接，形成自锁结构，使整个缓冲结构一体并牢牢固定产品。

2. 方案二缓冲衬垫各个部件介绍

缓冲衬垫主要由三部分组成，每部分材质均为 T26250/M18140/T26250 的 B 楞瓦楞纸板。为了方便清楚地说明各个部分的成型方法和部分之间的组装方法，先给各个部分取个名字：1 面卡挡、3 面缓冲衬垫和 2-4-5-6 缓冲围框。

3 面缓冲衬垫由 1 个基板对折构成（见图 5-30），成型过程如图 5-31 所示。

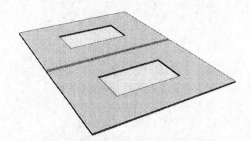
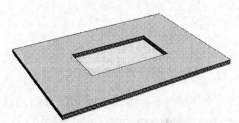

图 5-30　3 面缓冲衬垫　　　　　　　　图 5-31　3 面缓冲衬垫成型过程

2-4-5-6 缓冲围框由一片条状带压痕基板构成（见图 5-32），成型过程如图 5-33 所示。

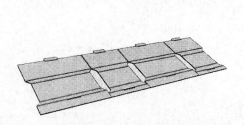

图 5-32　2-4-5-6 缓冲围框　　　　　　图 5-33　2-4-5-6 缓冲围框成型过程

1 面卡挡由有两片带压痕基板构成，这两部分可以卡在一起，成型过程如图 5-34~图 5-37 所示。

3. 缓冲衬垫各个部件组装方法

基板主体结构预折后，3 面缓冲衬垫对折成型。然后将产品放在上面，再将

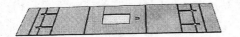

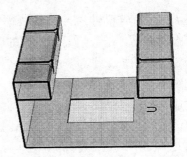

图 5-34　1 面内卡槽结构 1　　　　　　　图 5-35　1 面内卡槽结构 2

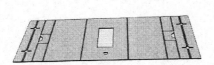

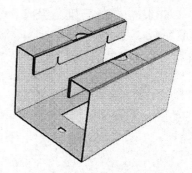

图 5-36　1 面外卡扣结构 1　　　　　　　图 5-37　1 面外卡扣结构 2

成型好的 2-4-5-6 缓冲围框套在产品四周并与 3 面缓冲衬垫对齐。接着将 1 面卡挡的卡槽结构成型并将产品和组装上的衬垫一起放在上面，最后将 1 面卡挡的外卡扣折叠成型插入 1 面卡挡的卡槽结构里，固定产品和连接各缓冲衬垫部件，整个缓冲衬垫组装完成。

最终将组装好的缓冲衬垫放进外箱里，整体效果如图 5-38 所示。

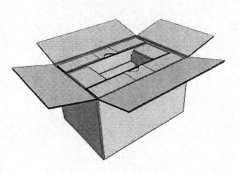

图 5-38　方案二整体效果

（二）方案三：缓冲衬垫结构设计

1. 方案设计

缓冲包装衬垫具体来说，它包括 3 个衬垫体，用于沿被包装体 6 个面将产品固定，并起到包装衬垫的保护作用。同时整个衬垫外部设计成类似瓦楞纸箱的结构，内部设计缓冲结构，电饭煲类产品附件放置于产品内部。

整个衬垫由 3 部分组成，各个结构相互配合呼应可实现 6 个方向的定位与缓冲保护。整个缓冲衬垫组装后如图 5-39 所示。

对于 3 个缓冲衬垫的设计方法，首先将瓦楞纸板按各个部分经过模切、压痕

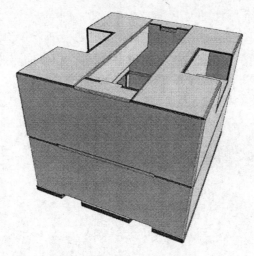

图 5-39 方案三缓冲衬垫

后制成基板。其中各个基板适当位置留有渗出的舌部结构，舌部设置有折线和插槽开口，舌部和插槽相互插接，形成自锁结构，使各个缓冲结构可以自立成型。

2. 缓冲衬垫各个部件介绍

缓冲衬垫主要由三部分组成，每部分材质均为 T26250/M18140/T26250 的 B 型楞瓦楞纸板。为了方便清楚地说明各个部分的成型方法和部分之间的组装方法，先给各个部分取个名字：3 面缓冲衬垫、2-4-5-6 面缓冲围框和 1 面缓冲顶盖。

3 面缓冲衬垫由基板 2 次对折后构成（见图 5-40），成型过程如图 5-41 所示。

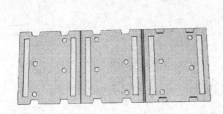

图 5-40 3 面缓冲衬垫

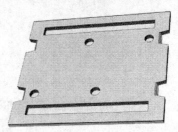

图 5-41 3 面缓冲衬垫成型过程

2-4-5-6 面缓冲围框由一片条状带压痕基板构成（见图 5-42），成型过程如图5-43 所示。

1 面缓冲顶盖有一片带压痕基板构成（见图 5-44），成型过程如图 5-45 所示。

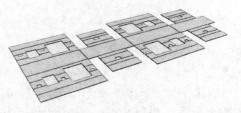

图 5-42 2-4-5-6 面缓冲围框

3. 缓冲衬垫各个部件组装方法

基板主体结构预折后，先将3面缓冲衬垫成型，再将3面缓冲衬垫放入销售包装箱内，然后把产品放在上面，再将成型好的2-4-5-6面缓冲围框套在产品上，一定要注意对齐放置并注意方向，最后将1面缓冲顶盖成型后套在产品上面。

包装好后整体效果如图5-46所示。

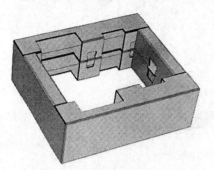

图5-43　2-4-5-6面缓冲围框成型过程

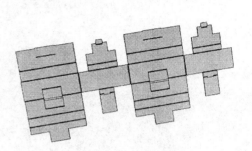

图5-44　1面缓冲顶盖

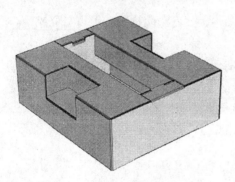

图5-45　1面缓冲顶盖成型过程

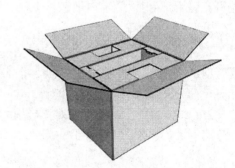

图5-46　方案三整体效果

第五节　仿生结构在纸包装设计中的应用

一、仿生结构和纸包装设计

(一) 仿生结构

仿生学概念是由美国斯蒂尔博士在1960年提出的。他首次提出了并对仿生学做出了定义：根据模仿生物来建造技术的一门科学。仿生学是综合性科学，融合了工程技术、生物学和数学等多门学科。随后，仿生设计学在设计学和仿生学的基础上进一步发展，将自然生物当中的"形""色"等多方面因素，与设计学科如工业、服装、建筑等多行业进行结合，涉及内容非常广泛，如结构、形态、功能、肌理、色彩等多方面。❶ 仿生形态和仿生功能是目前设计领域研究的重中之重。

仿生结构学主要是模拟生物的内外部两层结构，它作为仿生设计研究的一个部分，解决与工程、力学相关的诸多问题，涉及结构设计学、生物学、材料学等多重科学。自然生物给予人们独特的解决问题灵感，人们把这些灵感与现实研究相结合，比如发卡的研究就与捕蝇草有关，人们发现在捕蝇草叶子的最末端有一个捕虫夹。这个夹子带有排列的刺状毛，可以使被咬住的虫子很难逃脱，而发卡就借助了捕蝇草的这一特征，能够使头发固定收拢，不容易散落。树叶叶脉和建筑拱顶有相似之处，因为在叶片上有很多叶脉，可以输送养料，并且能够支撑整个叶片的结构。建筑借鉴叶脉结构，使建筑能够建造出宽敞的内部空间。

（二）仿生结构与纸包装设计的联系

人们从生物结构当中获取灵感，将其运用在纸包装结构的设计上，就是因为经过亿万年的进化能够存活下来的生物具有强大的自我保护系统，能够躲避自然的各种危害，使种族得以生存。如橘子内部的橘络网状结构，可以有效地使橘子瓣收拢，大豆豆荚的隔间机构可以使所有的豆子能够紧密收拢其中。在日常商品当中也需要使用这样的结构对产品进行保护，防止产品在运输过程当中受到损坏，能够完好无损地与消费者见面。生物的结构合理性和科学性给设计师设计纸包装结构带来了很好的灵感，设计师可以从这些结构当中获得思路，经过创意加工之后，运用到纸包装上，由此设计出来的纸包装具有自然生命力，也更具有科学合理性。使纸包装设计与消费者之间更亲近，纸质包装的设计才能获得长远发展。

（三）仿生结构应用于纸包装设计中的意义

（1）多元化的消费需求，借助丰富多彩的纸包装得以呈现。现在很多的纸包装设计重视包装外表，用绚丽夺目的画面来抓住消费者眼球，而忽视了创新性设计。纸包装设计和仿真结构这两者在运用时，纸包装的表现形式应该多样化，不应仅仅局限于材料、形态、色彩等多个方面，同时区别于市场上的同类纸包装，避免雷同化、模式化的现状。多元化发展已经成为商业发展模式的未来发展方向，使消费者购买商品的方式也发生变化，网购、邮购等多种方式已经出现，因此对于商品的运输保护显得更关键。所以纸包装设计要考虑到新的消费需求，将自然生物自我包装结构原理与结构设计相结合，汲取丰富的设计灵感，使包装设计的表现形式更加丰富多彩，从而促进包装设计的发展，满足多元化的消费者

❶ 张敏．仿生结构在纸包装设计中的应用［D］．成都：西南交通大学，2013：15～23.

需求。

（2）以人为本的设计思想要与纸包装设计相融合，这已经成为包装设计行业的发展趋势。设计师可以精确提取自然生物的特征，与纸包装巧妙融合，将纸包装结构融入人性化特点，使包装更具有趣味性、亲和力、自然活力，使消费者和商品之间能够在精神层面产生交流和互动。这种设计也可以使包装设计具有创新性，方便储存、应用、运输，使消费者和商品之间的距离更近，体现了商品浓浓的人文关怀。

（3）品牌的识别性可以借助不同的包装设计来提升。市场上的很多商品都强调在视觉方面对消费者形成冲击力，用各种各样的文字、材料、图形、色彩、工艺等，使消费者做出消费行为。在产品高度同质化的市场经济下，竞争更加激烈。因此设计包装的多元化才能够吸引消费者的眼光。自然生物结构和设计中的纸包装两者相结合，可以产生奇特的"化学效果"。很多品牌为了想要吸引消费者，便在包装设计上花更多的工夫，比如可口可乐公司在设计饮料瓶时，认为要让消费者不管是白天还是黑夜，仅凭手感便能够辨别出这瓶饮料就是可口可乐。所以设计师在设计瓶子的时候，以可乐豆和可可液两种材料作为出发点，这也是饮料当中的关键成分。最终这个以借鉴可可豆和豆荚形态的饮料瓶，具有优美曲线，使可口可乐销量快速增长，如今已经成为可口可乐著名的品牌标志。所以以生物特征为出发点的包装设计，能够使产品品牌更快地被消费者所接受，也能够提高品牌在同类化市场上的可识别性。

（4）以生态设计理念传达出品牌的绿色环保理念。绿色设计理念、生态设计理念也在各行各业频繁应用。绿色设计、生态设计以保护自然为原则，强调生产循环可利用，节约材料、无毒无害。在设计时也以这样的原则为设计基础，以自然为灵感在纸包装设计上运用了仿生结构，使自然和艺术两者完美融合，通过自然生物自我包装的科学结构，融入纸包装设计的工作流程当中，使整体的纸包装清新自然，使整体的包装成本降低，方便回收，有利于设计行业的未来发展。中国的历史强调"回归自然，天人合一"，认为人与自然应该和谐共处，和谐发展，因此人造物也应该能够保护自然，把人、自然、人造物三者有效结合起来，使越来越多的消费者关注保护自然，并将这些观念付之于现实行动。

二、仿生结构应用于纸包装结构设计中的方法

（一）确定仿生对象

先做市场调查，对于商品纸包装做大范围调查，来寻找仿生对象，通过整理分析自然生物的结构特征，最终确定可以模仿的生物对象。

1. 商品纸包装市场调查

市场调查可以从竞争商品、销售商品、目标消费者等多方面进行，最大限度地获取商品有关的信息，做好设计工作的前期准备。

2. 自然生物结构特征观察

确定仿生对象源于对自然生物结构的细致观察，在观察过程当中总结生物的结构特征，最终确定可以模仿的生物对象，具体的观察方法有以下两点。

（1）整体到局部的观察。所有的生物都是由局部构成的整体，因此在观察自然生物结构特征的时候可以从整体出发，深入了解不同生物之间的结构特征，然后再观察局部，从局部之间寻求不同生物之间的细微差别。

（2）对比观察。自然界生物种类非常多，借助对比观察可以扩大观察范围，可以了解生物结构特征的局部和局部、整体和局部、静态和动态等多方面之间的区别，这样可以准确快速抓住生物的基本特征。

（二）处理仿生对象的主要结构特征

确定仿生对象并不是工作的结束，还需要结合仿生对象的结构特征，使这些特征获得提炼和简化，应用到所设计的商品包装当中，进一步推进仿生设计。

1. 提取主要结构特征

自然生物具有多重复杂的特征，因此要从多种特征当中提炼出最主要的结构特征。仿生结构的纸包装设计并不是将生物特征原样不动复制到包装设计中，而是要根据所设计的商品有针对性地提取仿生对象的结构特征，避免次要结构特征或局部影响主要设计方向，可以为下一步的简化提供材料，使设计方向更加准确。

2. 简化主要结构特征

这是非常重要的一个步骤，因为仿生对象的主要结构特征具有浓厚的自然形象，不能够直接应用到包装设计中，需要对主要特征进行提炼，根据所设计的产品有部分保留仿生对象的结构特征，借助不同的方法简化主要特征，使其与纸包装设计两者相互融合，具体的简化方法有以下三条：（1）规则化。把不规则结构进行规则化简化，对不符合要求的细节进行适当补充或删减，比如需要一个90°的角，那么需要删减掉5°的偏差，把95°或85°进行进一步处理。（2）秩序化。自然力量影响生物成长过程，缺乏对称性，因此需要对生物特征的韵律、均衡、对称、重复、节奏等多方面进行简化处理，化繁为简，使主要结构更具有特征。（3）几何化。自然生物复杂的结构可以和几何结构相对应。比如在处理小鸟的头部时，可以根据相近原则处理成圆形，这种简单的处理可以简洁提炼出仿生对象的结构特征，使消费者更容易掌握，也能够满足现代化、规模化、标准化设计的生产要求。

（三）纸包装设计中的仿生对象主要结构特征运用

在简化和提取了仿生对象主要特征后，可获得一个平面几何体。这个平面几何体相对于包装来说是一个抽象的存在，而现实当中需要的包装是一个多面体，需要借助移动、折叠、切割、包围、聚积等多种形式，所以要按照立体构成的方法，把平面抽象的图形变成可用的立体图形，再按照纸包装设计要求，最终变成人们所用的纸包装。同时简化的仿生结构可以与原来的包装箱结合，替代原来没有仿生结构的部分，或者是在原包装当中增加仿生结构的部分，从而变成新包装。

纸包装结构在借鉴仿生对象的主要结构时，还要从美观、合理、实用、经济等多重角度出发，考虑包装在运输、生产、消费、储存等多方面的问题。在实际操作过程当中，纸包装设计要具有规范性和可操作性，工序不要太过复杂，要考虑到成本和资源消耗问题。

纸包装设计与仿生结构两者应用要分为三个部分，三个部分之间不是孤立的，而是相互依存的。首先，确定仿生对象，为后续设计工作做好充分的前期准备；其次，要简化仿生对象的主要结构特征，这项工作也是整个设计工作的重中之重；最后，把仿生对象主要结构成功运用到纸包装设计中，使纸包装设计与仿生结构完美融合。

第六节　易碎品纸包装结构设计创新应用

一、一种用于高脚杯的悬空转台型瓦楞纸缓冲内衬结构

（一）产品设计背景

目前，随着人们生活质量的提升，玻璃杯成为普通家庭基本具备的一种杯子，诸如红酒杯、白酒杯等，这类产品包装一般有以下四种方案：

第一种，包装将产品放置于泡沫棉或者泡沫缓冲模型中，然后装在瓦楞纸盒中，以保护其在流通过程中免受冲击、振动等机械载荷破坏而破碎。但是现有的泡沫缓冲部件或者珍珠棉缓冲部件不可否认地存在着如下弊端：（1）生产模具费贵，对于不同形状不同大小的产品均需要对应地制作模具，模具费贵；（2）难以自然降解，且难以回收，易污染环境；（3）此类缓冲部件在未包装前不能折叠，因此占用的仓储空间和运输空间大，仓储成本和运输成本高，尤其不利于长途运输。

第二种，在快递包装时，杯子里外塞满废报纸或者废布料，极其影响玻璃杯的美感，塞废纸可能导致杯体划痕划伤，同时无意中成为将垃圾转移给消费者的行为。

第三种，多支杯子仅仅由一片瓦楞纸隔开直接置于瓦楞纸盒中，或者只保证

了杯子之间的距离却不能保证杯肚与外盒的距离而不能全面保护杯子，这是最容易使玻璃杯受到运输或者装卸过程中突发状况或者粗暴作业影响而破碎的保护性极差的包装。

第四种，过度奢华包装或者在销售时根本没有包装，让顾客很不满意，降低销售量。

（二）结构设计内容

采用可回收的瓦楞纸板作为材料，制作可以使高脚杯在外包装盒中处于稳固的悬空状态的缓冲结构，避免高脚杯受到外部的冲击而破损，达到既可以做保护性的缓冲包装，又可以做销售性的展示包装，为高脚杯多只销售设计整套的缓冲包装。

为实现上述技术目的，所采用的技术方案是：用于高脚杯的悬空转台型瓦楞纸缓冲内衬结构，由中部的固定架和围设在固定架外围的四个固定框组成，两个固定框为一组，分为上下两层，上下两层固定框与固定架之间围设成4个用于放置高脚杯的缓冲腔。固定架为正十字形，其由两块均设有卡口的框架板通过卡口相互卡接组成，在固定架的4个边缘上均设有两排相平齐的插口，在固定架的架壁上设有卡扣。固定框由边缘为半圆形的卡板、边缘为半圆形的拖板、连接板和两个固定板组成。卡板中部通过连接板和拖板连接，卡板和拖板相互平行设置，两块固定板的一端与拖板的两端分别垂直连接，其另一端上的插槽插入卡板的固定口内，卡板、拖板、连接板和固定板围成一个缓冲通腔。卡板的内侧两端分别设有卡缝，在两个卡缝之间设有用于固定高脚杯杯柄的卡槽，卡缝与插口配合设置，两个一组的固定框通过插口卡设在固定架上，形成两层上下均为圆形的固定框。

拖板由弧形的拖板Ⅰ和锥形的拖板Ⅱ组成，拖板Ⅱ和拖板Ⅰ中部连接，拖板Ⅱ的两边与固定架的架壁相接触。拖板Ⅱ的锥形尖端设有凹口槽。上层的固定框和下层的固定框交错设置。

该设计的有益效果为：

（1）结构稳固，悬空式设计，使杯子稳稳"悬"于纸盒中，缓冲性能更佳，可有效保护玻璃酒杯。

（2）结构对称，可上下颠倒，即使遇到翻滚、抛掷等人工粗暴作业，也能够给予玻璃酒杯全面保护。

（3）旋转式结构，从周围各个方向均可感受到杯子的美感与魅力，4支装恰好满足一般顾客一次性购买的数量要求规格，便于货架展销的同时便于消费者携带和家庭放置。

（4）构件简单，仅由2种简单构件组成，便于加工且安装简单，相较于模塑模具价格便宜，所用的材料瓦楞纸板相较于其他缓冲材料也具有成本优势，所以该设计在实施过程中具有成本优势。

（5）选用瓦楞纸板，绿色环保，同时充分利用了瓦楞纸板价格便宜、易于回收且易翻折的特点。该瓦楞纸护角实现了对平板产品的包装，解决了传统的平板产品包装成本高、模具制作费贵、易污染环境等问题。而且该设计全部采用瓦楞纸板折叠组合而成，因此在包装前，瓦楞纸板可以充分堆叠在一起，占用仓储空间和运输空间较小，可节约物流成本。

（三）附图说明

图 5-47 所示为该设计的结构示意图。

图 5-48 所示为该设计装杯后的结构示意图。

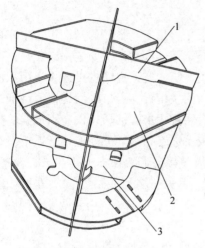

图 5-47　结构示意图

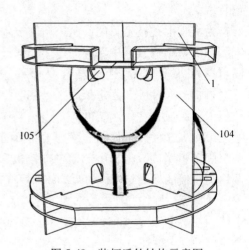

图 5-48　装杯后的结构示意图

图 5-49 所示为该设计的固定架的结构示意图。

图 5-50 所示为该设计的框架板的结构示意图。

图 5-51 所示为该设计的固定框的结构示意图。

图 5-52 所示为该设计的展开结构示意图。

图 5-53 所示为该设计的俯视结构示意图。

图 5-47 ~ 图 5-53 中：1—固定架；101—框架板；102—卡口；103—插口；104—架壁；105—卡扣；2—固定框；201—卡板；202—拖板；203—连接板；204—固定板；205—插槽；206—

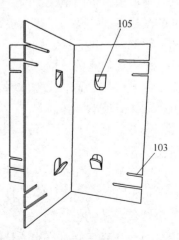

图 5-49　固定架的结构示意图

固定口；207—缓冲通腔；208—卡缝；209—卡槽；3—缓冲腔；4—拖板Ⅰ；5—拖板Ⅱ；501—凹口槽。

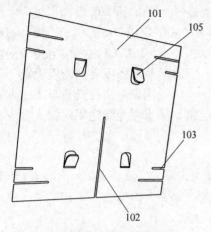

图 5-50　框架板的结构示意图

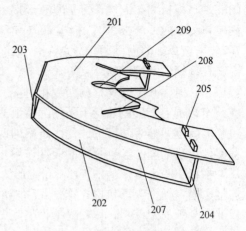

图 5-51　固定框的结构示意图

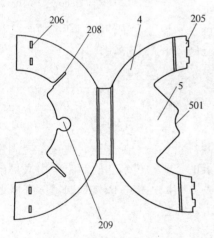

图 5-52　展开结构示意图

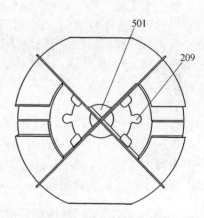

图 5-53　俯视结构示意图

（四）具体实施方式

如图 5-47～图 5-53 所示，用于高脚杯的悬空转台型瓦楞纸缓冲内衬结构，整体为圆桶状，由中部的固定架 1 和围设在固定架 1 外围的四个固定框 2 组成。固定架和固定框均由瓦楞纸折叠而成，两个固定框为一组，分为上下两层，上下两层固定框 2 与固定架 1 之间围设成 4 个用于放置高脚杯的缓冲腔 3。固定架 1 为正十字形，其由两块均设有卡口 102 的框架板 101 通过卡口 102 相互卡接组成，在固定架 1 的四个边缘上均设有两排相平齐的插口 101，在固定架 1 的架壁 104上设有卡扣 105，卡扣 105 为襟片。固定框 2 由边缘为半圆形的卡板 201、边缘为半圆形的拖板 202、连接板 203 和两个固定板 204 组成，卡板 201 中部通过连接板 203 和拖板 202 连接，卡板 201 和拖板 202 相互平行设置，两块固定板 204 的一端与拖板 202 的两端分别垂直连接，其另一端上的插槽 205 插入卡板 201 的固定口 206 内，卡板 201、拖板 202、连接板 203 和固定板 204 围成一个缓冲通腔 207。卡板 201 的内侧两端分别设有卡缝 208，在两个卡缝 208 之间设有用于固定高脚杯杯柄的卡槽 209，卡缝 208 与插口 103 配合设置，将固定框插入固定架的插口 103 内，两个固定框的两端相对接，两个一组的固定框 2 通过插口 103 卡设在固定架 1 上，形成两层上下均为圆形的固定框，插入固定架的固定框，其缓冲通腔被固定架分为两部分，使固定架的四部分均存在缓通空腔，在减轻了内衬结构整体重量的同时起到更好的缓冲作用。

拖板 202 由弧形的拖板Ⅰ4 和锥形的拖板Ⅱ5 组成，拖板Ⅱ5 和拖板Ⅰ4 中部连接，固定框插入插口内，拖板Ⅱ5 的两边与固定架 1 的架壁 104 相接触，使拖板Ⅱ完全顶在架壁上，使内衬结构整体更稳定。

拖板Ⅱ5 的锥形尖端设有凹口槽 501，凹口槽 501 设置在固定架的交叉处，具有防尘的作用。

上层的固定框 2 和下层的固定框 2 交错设置，该种设置使高脚杯的放置杯口与杯口相错设置在不同方向，该设计更省空间，并具有稳定作用，将内衬上下颠倒。也能给予玻璃酒杯全面保护。

操作过程为：

步骤一，对称装入 4 支杯子，相邻的杯子放置方向相反，相对的杯子方向放置方向相同。

步骤二，将杯子的杯口通过卡扣固定，两只正设杯子的杯底放置在下层固定框的拖板上，杯柄卡设在卡槽内，另两只倒设的杯子通过卡扣固定，并由底部的固定框支撑，再将下层固定框插入固定架，上方的固定框将两只未固定的杯底通过上层的固定框按正设的杯底固定。

二、用于陶瓷茶具的便携式瓦楞套装结构设计

（一）产品设计背景

对于陶瓷易碎品的缓冲包装或者运输包装来说，因为解决的是包装最原始的保护产品问题，所以从材料方面来说也是多种多样，有纸浆模塑、木箱、棉布、竹编，当然还有瓦楞纸板等。现有运输包装形式主要有外包装防护、瓦楞纸箱、蜂窝纸板箱、缠绕薄膜包装、内包装、衬板、泡沫塑料及其纸浆模塑等替代品、气垫薄膜、现场发泡、填料等。

（二）结构设计内容

本设计从易碎品防护包装的起点出发，目的是充分为易碎品缓冲包装提供一

种全方位、可解决多种易碎品缓冲包装问题的包装方案。从该设计的产品底座、茶壶、烧水杯到壶盖全部采用瓦楞纸板，抛弃了原来复杂且只能用来做运输而不能做销售的纸浆模塑制品。

本设计采用的技术方案是：用于陶瓷茶具的便携式套装结构，设有外包装盒。在外包装盒内设有底座缓冲部件、定位盒架和定位盒，定位盒架设置在外包装盒的盒底，在定位盒架的下方设有用于支撑定位盒架的底座缓冲部件，在定位盒架上方设有用于卡设定位盒的定位凹槽。定位盒由倒 U 形的定位支架和定位座组成，定位支架设置在定位座上方，定位支架和定位座之间形成用于放置陶瓷茶具的空腔，在定位支架上设有用于固定陶瓷茶具的定位孔。

本设计的外包装盒由盒身、盒口的两块相对设置的插口板和两块相对设置的盖板组成。两块相对设置的盖板展开设置相互叠压在一起，并通过卡扣扣紧，使外包装盒形成一个密封的矩形结构。将两块相对设置的盖板折叠，折叠后的盖板的两端分别插入插口板内，形成用于提起外包装盒的提手架。

本设计的定位座由一根瓦楞纸折叠而成的首尾相扣合的框式结构。

本设计的有益效果为：

（1）用于陶瓷茶具的便携式套装结构均采用瓦楞纸进行制作，减少包装结构的重量，同时提升缓冲效果及支撑效果。

（2）外包装盒具有两种状态，平整状态时可将多个套装结构进行堆叠，折叠状态时可变成手提式，方便携带。

（三）附图说明

图 5-54 所示为该设计的结构示意图。
图 5-55 所示为该设计的底座缓冲部件的第一种结构示意图。
图 5-56 所示为该设计的底座缓冲部件的第二种结构示意图。

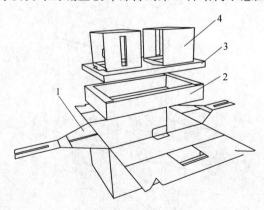

图 5-54　结构示意图

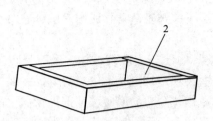

图 5-55　底座缓冲部件的
第一种结构示意图

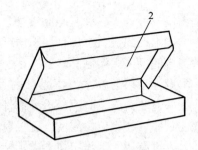

图 5-56　底座缓冲部件的
第二种结构示意图

图 5-57 所示为该设计的定位盒架的结构示意图。

图 5-58 所示为该设计的定位盒的结构示意图。

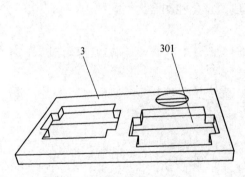

图 5-57　定位盒架的结构示意图

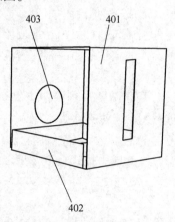

图 5-58　定位盒的结构示意图

图 5-59 所示为该设计的定位盒的打开结构示意图。

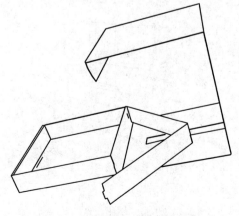

图 5-59　定位盒的打开结构示意图

图 5-60 所示为该设计的外包装盒的结构示意图。

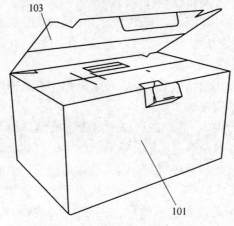

图 5-60 外包装盒的结构示意图

图 5-61 所示为该设计的外包装盒的打开结构示意图。

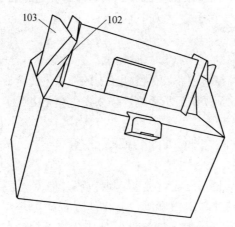

图 5-61 外包装盒的打开结构示意图

图 5-54～图 5-61 中：1—外包装盒；101—盒身；102—插口板；103—盖板；2—底座缓冲部件；3—定位盒架；301—定位凹槽；4—定位盒；401—定位支架；402—定位座；403—定位孔。

（四）具体实施方式

如图 5-54～图 5-61 所示，用于陶瓷茶具的便携式套装结构，设有外包装盒1，在外包装盒 1 内设有底座缓冲部件 2、定位盒架 3 和定位盒 4，定位盒架 3 设置在外包装盒 1 的盒底，在定位盒架 3 的下方设有用于支撑定位盒架 3 的底座缓冲部件 2，在定位盒架 3 上方设有用于卡设定位盒 4 的定位凹槽 201，定位凹槽与定位座的大小一致，使定位座卡在定位凹槽内不会晃动。定位盒 4 由倒 U 形的定位支架 401 和定位座 402 组成，定位支架 401 设置在定位座 402 上方，定位支架 401 和定位座 402 之间形成用于放置陶瓷茶具的空腔，在定位支架 401 上设有用于固定陶瓷茶具的定位孔 403。

底座缓冲部件可采用盒状中空结构，或者框形中空结构的任意一种，既能减轻重量，又能起到缓冲支撑的作用。

外包装盒 1 由盒身 101，盒口的两块相对设置的插口板 102 和两块相对设置的盖板 103 组成，盖板的两端为楔形，插口板的中间设有长条形开口，两块相对设置的盖板 103 展开设置相互叠压在一起，并通过盒身边缘的卡扣扣紧，使外包装盒形成一个密封的矩形结构，该种矩形结构可以多个叠放，方便运输，将两块相对设置的盖板 103 折叠，两块盖板相互重叠，与盒身未连接的一端贴合在一起，折叠后的盖板 103 的两端分别插入插口板 102 内，在盖板上设有可折叠的开口，形成用于提起外包装盒 1 的提手架。

定位盒架 3 由一块瓦楞纸折叠而成的具有缓冲空腔的缓冲架结构，缓冲架结构为定位盒架的顶面与底面之间为中空，在定位盒架 3 上设有用于卡设壶盖的卡槽。

定位盒为一块完整的瓦楞纸板，对定位盒瓦楞纸两边的长条形瓦楞纸进行折叠，将两条瓦楞纸首端与尾端插入瓦楞纸条上的插口内，组成一个框形定位座，两条瓦楞纸条中间连接的瓦楞纸板折叠之后插入定位盒下方，组成完整的定位盒。

第七节 本章研究结论

本章对纸包装趣味性形态设计创新、纸包装开启方式宜人化设计创新、平板产品纸包装设计创新应用、电饭煲纸包装设计创新及其应用、仿生结构在纸包装设计中的应用、易碎品纸包装结构设计创新应用进行研究。分析研究情感要素、材质、功能、形态等多要素之间的关系，在自然当中寻取灵感，在生物功能上获得启发，将趣味性形态表现形式和人们的自然情感相互融合，创新性发展包装形态，折叠包装结构设计使企业包装材料损耗减少，存储成本和运输成本极大降低，减少了油墨、黏合剂等有害物质的使用量，提高包装的回收率。本章对于仿生结构与纸包装结构两者相互融合，还在研究当中，所以还需要进一步调研。本章所涉及的仿生结构理论还有很多不足。仿生结构与纸包装的相互融合是设计领域的未来发展方向，也是充满希望的领域。随着社会不断发展，技术不断提升，仿生结构获得了越来越多的重视，越来越多优秀的纸包装出现在公众面前，使人们的生活更加便利舒适。

第六章　基于物流运输的纸包装结构优化设计探索

物流运输包装作为生产的终点、物流活动的起点，衔接了两个不同的经济活动，但恰恰由于它这一中间角色，使其在传统物流管理活动中较少受到关注。随着物流业与包装业的持续发展，大家对于物流运输中纸包装的运用也在不断增加，纸包装对于物流成本的影响也逐渐受到了社会的重视。

第一节　兼具运输和展示功能的纸包装结构设计研究

一、兼具运输和展示功能的包装设计原则

当前，包装展示功能的市场需求度越来越高，如果包装既有运输功能又有展示功能就会更受重视。近些年，欧美国家更倾向于采用 Shelf Ready Packaging（SRP），即能够直接上架的包装解决方案。

SRP 可以达到两方面的效果：一方面，它有利于生产力的提高，让货架补充速率更快；另一方面，它能提高顾客对商品的关注度和识别度，带来更多商业机会。SRP 既能让包装变得更有辨识度，又能快速补充货架，减少上架不及时和商品脱销的情况；而且它还能让商品以更有效、更容易拿取的方式堆码在架上，帮助吸引消费者的注意力。❶ 长期以来，零售商都受困于商品脱销问题，该问题不仅限制了商品的销售量，还导致对货架的空间利用并不充分。

欧洲高效消费者回应（ECR）曾通过调查发现，在供应链方面最后 50 米中出现的种种问题极大影响着商品脱销问题：第一，商店员工在仓库中寻找想要的商品时面临困难；第二，商品被放到货架上的过程中损坏情况较多；第三，给商品去除外包装费时费力，货架补充效率低。作为前景可期的包装解决方案，SRP能一次解决以上多个难题。

SRP 要具备识别度高、上架便捷、开启容易、处理简单、购买方便等条件，总的来说，就是包装中含有零售单品，凭借更科学的设计，让商品能带包装直接上架。作为一种工具，SRP 实现了同种类的多个商品的直接上架，商品无须单独

---

❶　阳培翔，谢亚，牟信妮. 节约型社会纸包装结构设计应用［J］. 包装工程，2013，34（7）：126~129.

堆垛，也不会因此降低对消费者的吸引力或者不便拿取。

Retail Ready Packaging（RRP），即能够直接帮助商品进行销售的包装，和SRP比较相似。SRP和RRP并不只是包装，它们影响着整个商品供应链，从商品包装环节一直到零售完成都在发挥作用。直接上架的包装形式在当下得到了欧洲和澳洲ECR的积极推广。在欧洲，很多大型零售商都在直接上架包装方面对供应商提出了要求，并为后者指出了改进方向。本章着重对SRP设计的原则进行探讨。

（一）SRP设计的基本原则

作为一种包装形式，SRP立足于来自各方的实际需求，考虑了多个方面，着眼于整个包装体系，既涉及商品各层外包装，也涉及内包装，即基础销售包装，以便更好地发挥供应链中包装所具有的全部功能，比如，展示里面的商品、保证拿取的方便，以及提高货架补充效率等。❶ 从制造商到销售商，再到消费者，生产销售过程的参与者的需求，决定了采用SRP时要遵循一些基本原则。

（1）SRP设计应该对各方都有好处，包括供应商、零售商和消费者。SRP应该能够增加产品销量，提高顾客对于商品和超市品牌的满意度、忠诚度。所以，为了实现各方的利益，在引进和实行SRP方案过程中，各方应该相互支持和合作，而且不管是相关研究还是投资，都要关注包装形式和处理过程的变化。

（2）遵守相关国家的法律法规和政策，遵守国际环境方面的相关规定。包装的生命周期，从生产环节、使用环节，一直到回收处理环节，都会影响环境。SRP设计要遵守相关国家的法律法规和政策，力求降低这个过程中的环境污染度。欧美委员会在化学品方面出台了REACH制度，对化学品的注册、授权、评估和限制进行规定。所以，化学品如果打算出口欧洲就要遵循这一制度。SRP设计、生产和使用企业应该提升自身的社会责任感，生产使用SRP时，要注意降低污染空气的可能性，减少包装废弃物的产生。

（3）为了方便物流运转，SRP设计需要参考目前的物流标准。当前物流方面的标准有国际物品编码协会（GS1）出台的标准、国际标准化组织（ISO）出台的标准等，要想让供应链的效率更高，就要按照目前的物流标准进行包装设计。

（4）SRP设计应有利于品牌认可度的建立和提升。对生产商来说，品牌认可度是至关重要的，SRP设计要突出品牌的标志，美观而富有创新性。

（5）SRP设计要为制造商和销售方的长远利益作考虑。

综上所述，SRP设计应该注意的原则可以使供应链效益得到整体提升，包括

---

❶ 王莉娟. 绿色包装材料发展的现状与趋势［J］. 建材与装饰，2017（48）：47.

成本的控制、工作效率的提升和顾客满意度的提升。除此之外，为了更好、更顺利地开发和推行 SRP，公司高层应该充分认识到 SRP 带来的益处，并给予支持。

（二）SRP 形式和种类的功能化原则

通过探讨 SRP 所需具备的条件和所要发挥的功能，可以看到 SRP 的类型并非必须是纸箱或者瓦楞纸做的托盘等，而应以适应供应链上各方所需为重。SRP 的主要类型包括以下几种：

（1）用于货架放置的包装，这是 SRP 的主要形式，包装设计精巧，结构多变。

（2）用于促销展示架的立式包装，它能直接在地上放置，适合在商场搞促销时使用，对消费者的注意力有更强的吸引力，有的还能移动。

（3）可反复使用的托盘，它的材质一般是塑料。

（三）SRP 顺应市场及发展趋势原则

目前，在终端市场上，应用 SRP 的新鲜食品不下 30%，它还在很多其他商品品类方面发挥着重要作用，比如奶制品（牛奶和奶酪）、饮料、果汁、啤酒、糖果和各种烘烤食品。SRP 的使用规模正在快速扩大，比起美国和日本，欧洲大型超市的数量更多，产品包装需要更强的展示功能，因此，欧洲被称为 SRP 应用最普遍的地区。尤其是英国和德国，在各种包装总量中，SRP 的使用比例甚至近半，这两个国家的 SRP 用量是最大的。在意大利、法国和西班牙，SRP 使用率也在快速提升，水果、蔬菜等新鲜食品在这方面表现得尤为明显。SRP 的推广和发展速度还会持续上升，特别是在英、法、德，以及由比利时、荷兰和卢森堡组成的比荷卢经济联盟等地区。

目前，中国和印度的 SRP 使用规模和发展速度相对滞后，SRP 未来发展前景可期。中国在 2001 年加入了世贸组织，进入中国市场的外资企业越来越多，中国的对外开放规模在不断扩大，市场的成熟度和现代化程度也在日益提升，今后还会有更多的外国投资商涌入。

SRP 的发展主要表现在以下方面：第一，包装质量不断强化；第二，瓦楞纸板等级提升；第三，纸板强度更高；第四，印刷效果更佳；第五，保护性能更好。

自 2001 年开始，欧洲 E、F、G、N 这些微型瓦楞结构的增长速度很快，年均增长率达到 5%，在瓦楞纸板总量中已经达到 10%。这背后的一个重要原因是零售商需要越来越多的小包装。另外，纸板制造技术的进步实现了低定量纸板（$100g/m^2$ 及以下）的生产。低定量纸板生产的使用对环境的影响更小、更加经济，其发展空间在快速消费品领域尤其广阔。

在过去，外包装的主要功能是在运输途中对产品进行保护，当下，它的展示功能越来越强。为了让外包装具有更好的展示性，充分展示里面单个或多个小的包装，体现出货架上商品各自的特点，厂商在设计上的投入也越来越多。外包装也需要进行更好的印刷，具有更强的吸引力，在表面将商品品牌图案显示出来，这样的包装用量明显扩大。此外，运输外包装采用瓦楞纸，展示外包装采用纸板或纸盒，这种组合包装正在变得更加广泛，未来，包装设计的发展趋势将更多涉及新技术的使用以及物流的完善。

（四）SRP 设计原则总结

虽然对于不同产品和场合，无法用同一种包装方案解决，但是，对于各种零售商，SRP 设计方案追求尽量以不变应万变，以及方案适用度的最大化，这是一个基本的原则。所以，想要使用和设计 SRP 的品牌厂商需要和包装的设计方、生产方、物流机构以及商品零售方共同探讨，进行测试。消费者会在很大程度上受到 SRP 的影响，对于 SRP 的积极作用，消费者较为认可，比如它更吸引人，让产品摆在货架上时辨识度更高等。不过，重要的是 SRP 的设计要好，否则消费者反而会敬而远之，导致产品销量下降。虽然 SRP 的初衷是希望提升消费者的购物体验，不过包装改进完善的过程，也有可能导致商品价格提升，增加消费者的购物支出，而消费者购买同一种商品时，不会因为该商品正在尝试使用 SRP 就愿意支付更多的费用。因此，在采用 SRP 时，搞清带来益处和产生费用的分别是哪些环节极为重要。

SRP 在保证发挥传统的包装保护作用外，还能够提升货架的补充效率，降低人力成本，甚至有利于产品的宣传和品牌形象的提升。因此，SRP 不仅是新潮的包装方式，还是推动行业利益提升的重要工具，提升 SRP 吸引力的途径，值得展开研究。

二、兼具运输和展示功能的纸包装结构设计

利用绘图软件 ArtiosCAD 进行纸包装结构设计，主要面向瓦楞纸箱和折叠纸盒的设计人员，作为计算机辅助包装设计软件，ArtiosCAD 提供了一个用于概念（方案）设计、产品开发，具有逼真效果的原型制作工具；此外还提供了一个大容量的标准设计库，对于国际标准纸箱箱型，只要输入内尺寸和纸板类型，即可自动生成纸箱结构，软件使用者可以实现从草图到定稿的设计。

（一）展示板结构设计

在功能不同的各类纸箱中，有种带有展示板的纸箱非常适合批量生产，这种纸箱的结构相对来说比较简单，在制作好后还便于折叠，既方便折叠成纸箱，同时还便于发挥它的展示功能，具有一定的坚韧程度，适于保持箱子的形状不被改变。

1. 上翻展示板结构设计

在带有展示板的纸箱中，有一种展示板是上翻造型的箱子，它的设计原理就是把面板上部的纸质箱体撕开一部分，然后把撕开的一部分再插入箱子后面的面板，两部分结合在一起形成整个的展示板。

如图 6-1 所示，这便是上翻展示板纸箱的一种类型。一般来说，这种箱子的长度相对较大，便于放在陈列架上以后，放入一些小型的商品，比如人们爱吃的零食等。通过展示板吸引消费者的注意力，可增加所展示的货品的关注度。

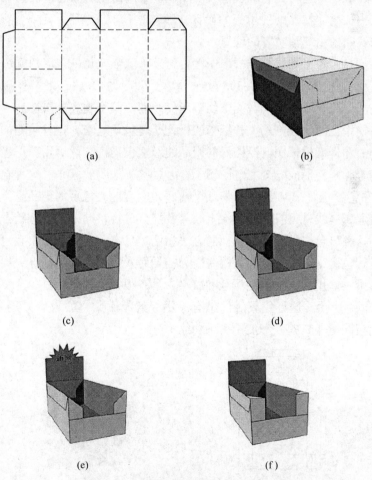

图 6-1　带有展示板结构的展示性纸箱

（a）结构图；（b）运输时的纸箱；（c）展示时的纸箱；（d）加大展示板面积的纸箱；
（e）带不规则广告牌的纸箱；（f）加强型展示性纸箱

图6-1（a）所示为箱子的展开示意图，图中标记的内部的盖子和外部的盖子上面所做的锯齿状的痕迹相一致，这样的设计是为了便于打开箱子的展示面板。而图6-1（b）和图6-1（c）则是这种造型设计的箱子在其运输过程中的形状。在打开箱子展示板前，也可以在盖子上打上一个孔，以便于打开。

采用瓦楞型的箱子上面所做的间隙切割压痕线等，对其自身抗压力的程度并没有什么影响。所以，在设计过程中，可以考虑在这种箱子的顶部设计出展示板，作为广告宣传的介质。如图6-1（d）和图6-1（e）所示，这两种箱子在设计时便采用了加高间隙切割压痕的方法，来进一步加大展示板，同时还要注意的一点是，在设计时还要充分顾及摆放产品的货架的高度是否合适。图6-1（e）中展示的是一种比较特殊的展示板的设计造型，这种展示板是一种不规则的形状，以便更加鲜明地引起消费者的注意。

在设计时，为了加强箱子的耐压性，可以采取强化角柱强度的方法。如图6-1（f）所示，就是通过添加在边角处的承受压力面的方法，来增强箱体的耐压性，以避免因为在箱子上制作间隙切割压痕线而使箱子丧失抗压性。

目前使用范围比较广的一种纸箱的设计是裹包式装箱，这种装箱的形式，就是把平铺的瓦楞纸板按照已经码好的产品的形状包裹好，然后用胶把箱子各个部分全部粘合起来，形成一个完整的箱子，可以整齐地码放起来。这种箱子在装箱时需要先把事先压好压痕线的瓦楞纸平铺好，然后把要包裹的产品整齐地码放在上面，沿着压痕线进行打包，再涂上胶对各部分进行粘贴，最后把箱子口封住即可完成。这种裹包式的方法同其他的方法相比，具有一定的优点，它可以把产品妥帖地进行包裹，防止产品在运输时因为摇晃而发生撞击造成损坏，同时这种方法还节省了一些用料，比如瓦楞纸和胶等，具有很大的优越性。

如图6-2所示，这种比较浅的带有展示板的箱子，它的封口方式为插入式，它的展示板同时兼具盖板和展示两种功能。

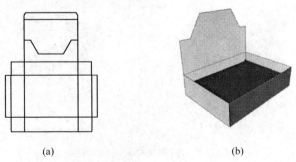

(a)   (b)

图6-2 带有展示板的盘式纸箱

（a）结构图；（b）展示图

2. 下翻倾斜式展示结构设计

除上翻式展示板的箱子制作原理和包装形式外，还有一种带有展示板的箱子是下翻倾斜式的，这种带有下翻式展示板的箱子，是将箱子的上面盖板翻到下面，来制作成带有一定倾斜度的具有展示功能的纸箱。图 6-3 所示便是一款下翻倾斜式的展示纸箱，它和上翻式纸箱有一个共同的特点，就是便于引起消费者的关注，提高销量。

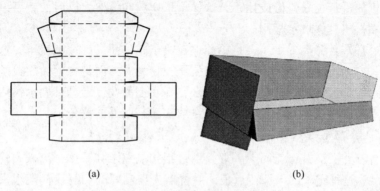

(a)　　　　　　　　　　　　(b)

图 6-3　下翻倾斜式展示纸箱

（a）结构图；（b）展示图

（二）去除型展示性纸箱设计

上翻式纸箱和下翻倾斜式纸箱有一个共同之处，即都是以翻动一部分盖板来形成具有展示功能的展示板，增加产品的关注度。下面这种去除型展示性纸箱，是在箱子打开之后，需要去掉箱子的一部分，以达到展示其中物品的目的。

1. 罩盖分离型纸箱设计

如图 6-4 所示的纸箱就是罩盖分离型纸箱。这种箱子一般分为上下两个部分，两部分之间只有一个边与箱子主体结构相连。在这个箱子的上部，有一个可

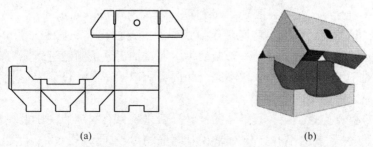

(a)　　　　　　　　　　　　(b)

图 6-4　罩盖分离型展示性纸箱

（a）平面结构；（b）罩盖分离时的形式

以将手指伸入的孔，借助于这个孔，可以很快把箱子的上半部分打开或提起。这种箱子一般是以下半部分为主，所以，下半部分大多做成锁底式。在箱子的下半部主体部分没有设计摇翼，可按照所展示产品的特性，设计成不同的造型。上半部分的盖子设计相对大一些，这样可以将整个产品全部罩住，起到很好的保护作用。

为了增强这种纸箱的展示性，在设计时可以把箱子的边角处设计成平分角，然后在盖板处进行加长，做成插舌，这样箱子摆放在货架上以后，就可以不用去掉盖板，而是将其做展示板用。

还有一种罩盖分离式纸箱，是单纯地在箱子的上面设计一个盖子，这种箱子的设计，一方面是为了增强箱子整体的抗压性；另一方面是将上面的盖子去掉之后，其剩余的部分还可以被充分利用起来，并在上面设计出具有展示作用的图案等。这种罩盖分离式纸箱的设计重点，是放在盖板以外的部分。

2. 箱体分离型纸箱设计

在设计罩盖分离式纸箱时，一般是通过纸箱的盖子与箱体分离来实现的，如图 6-5 所示。这种箱子的设计特点是，沿着事先压制好的切割线，把很大一部分的盖板去掉后，剩下的盖板直接形成一种完整的盛放货物的形状，这种形状如图 6-5（b）所示。

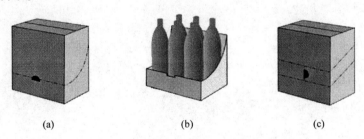

图 6-5　箱体分离型展示性纸箱
（a）运输时的状态；（b）展示时的状态；（c）带撕裂带的箱体分离型纸箱

这种罩盖分离式纸箱在实现盖子和箱体分离时，可以通过几种方式来完成。一是可以在箱体上制作出间隙切割压痕线，通过这根线实现盖子与箱体的分离；还有一种是通过在箱体上压制一条撕裂带，通过抽出这条撕裂带来完成分离。这两种方式对于纸箱的抗压性来说不完全相同，所以，在设计过程中，要结合不同的内装物品来进行不同的设计。

这种罩盖分离式纸箱，其具体的设计一般来说只有间隙切割压痕线，还有就是一个可伸入手指的小孔，相对来说比较简单，因此，比较适合大量的机械加工。

在制作这种箱子时，可以把箱子的保留部分设计成圆弧状的，也可以设计成直线状的，这样设计的出发点，主要是需要配合所盛放物品的特点。在对这种罩盖分离式箱子进行整体设计时，应将设计的重点放在所保留的部分，而对于要被分离掉的部分，只需要设计上在运输和包装过程中的注意事项就可以。这种箱子既适合 0201 型箱子，也适合 02 系列的纸箱。

3. 开窗型纸箱设计

还有一种称为开窗型纸箱，这种箱子的特点是在箱体开一个类似窗口的孔洞，对所包装的物品进行展示，同时也便于消费者取放。如图 6-6 所示，在箱子的前方和顶部进行开窗设计，这种纸箱一般展示的是圆柱形的罐装食品等。

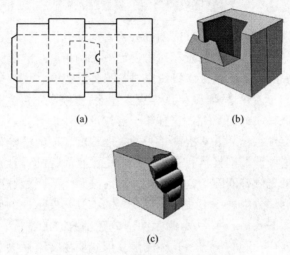

(a)　　　　　　　　　　(b)

(c)

图 6-6　开窗型展示性纸箱
(a) 结构图；(b) 单面开窗；(c) 一角开窗

4. 填充型展示性纸箱设计

人们在实际应用过程中，发现开窗式纸箱在某些情况下略有不便，即是当内装的柱状的物品逐渐被取出，达到一定程度时，便会不方便再被取出。为了解决这个问题，人们又设计出一种填充型展示性纸箱。如图 6-7 所示，这种纸箱的特性是巧妙利用圆柱具有滚动性的这个特点，借助圆柱自身的滚动来不断地将箱子展示的部分填满。在前期的制作过程中，首先在合适的部位做出间隙切割压痕线，然后在物品摆放展示前，沿着压痕线将这一部分撕掉，撕掉的部分一般与内装圆柱体的直径相一致。这样当一个商品被取出时，后面一个就会自动补充，如此循环往复，既方便，又美观，同时还让消费者感觉到非常有趣。

(三) 分离型展示性纸箱设计

还有一种纸箱也是分离式的，根据它的形状特点，被称为 H 型分离式纸箱。

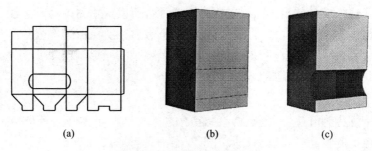

(a)   (b)   (c)

图 6-7 填充型展示性纸箱

（a）平面结构；（b）运输图；（c）展示图

这种箱子在打开之后，一般可以分成两部分或者两部分以上，它的功能主要是用以解决生产规模比较大，而销售量相对来说比较小的情况。它的设计原型还是传统的纸箱，在原来的基础上借助各种材料进行另外的组合，大多数情况下是应用具体的 H 造型的隔板将产品隔开，这样设计出来的箱子，主要是用来包装一些护发用品以及玻璃材质的瓶子等。这种箱子经过进一步设计，还可以对先前所包装的产品的数量实现翻倍，并且提高箱子的抗压程度，同时降低生产成本。如图6-8（a）所示，这种分离型且具有展示性的箱子没有隔板的设计，是在生产过程中按照预设的图纸先做好间隙切割压痕线，然后按照这条线做好面板上多余的部分，之后把剩下的部分沿着压痕线分成完全同的、具有展示性的两部分，这样就达到了设计目的。图 6-8（c）展示的是两部分在平放时的情况，图 6-8（d）展示的是两部分叠放在一起的情况，具体的包装形式要由货架摆放要求来确定。

对于产品的外包装来说，纸箱的设计是一方面；另一个比较重要的方面是箱子内部产品具体的摆放方式。在图 6-8（e）中，箱子内部摆放的产品是平整地摆放在一起的，这种摆放方法对箱子底部面板的承重程度是一种考验，所以，在设计这款箱子时，要充分考虑到这一点。在设计时，要在箱子的内部设计出专门用于固定货物的卡座，卡座的主要作用是把箱子内包装的货物呈左右交叉码放，这样的设计可分散箱子底部的承重力。图 6-8（f）显示的是在箱子被分成两部分的同时，货物也被相应地分成两部分摆放，这样的设计方法同上一种方法有着同样的目的，就是为了分散货物对箱子的压力，同时还节省空间。此外，包装的物品相互之间还可起到固定的作用，保证物品在运输过程中的稳定性。

如图 6-8 所示，这种纸箱作为分离型且具有展示功能的纸箱，是裹包式纸箱的一种。这种设计样式的纸箱适合大规模加工，需要重点说明的是，这种箱子的摇盖有两种设计方式，既可以设计在箱子的左右两侧，还可以设计在箱子的前后两侧。由于这种箱子可以按照一定的角度进行翻转，因此，相对来说，它适合展示日用品和零食等物品。

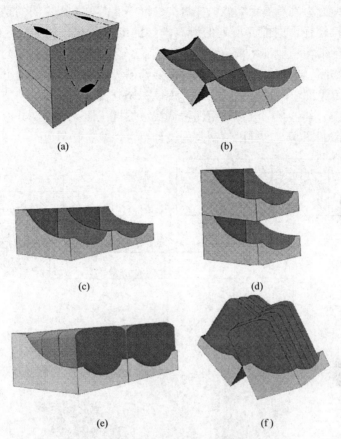

图 6-8　一分为二型展示性纸箱

（a）运输时的纸箱；（b）拆分；（c）平齐码放；（d）堆叠码放；

（e）内装物平齐码放的展示图；（f）交叉分离

（四）套合型展示性纸箱设计

在国际标准的箱型中有一种罩盖型纸箱，也被称为套合型纸箱。这种箱子的上盖与底部在设计时是分开的，箱子的上盖可以盖住箱底，比较适合那些码放比较高的货物和搬运起来相对困难的货物。下面重点介绍这种箱子的一些样式。

1. 摁压分离式套合型纸箱设计

如图 6-9 所示就是摁压分离式套合型展示式纸箱。它由上半部和下半部组成，它的上半部是由瓦楞纸板组合成的没有底的纸箱，下半部则是印有图案的带有插入式锁口没有上口的纸箱。两部分组合以后，将图 6-9 中所示的 3 个半圆粘在一起，把产品装入后密封即可。在打开纸箱时，先把这 3 个半圆向内按动，使其同箱子的下半部分开之后，上半部的箱子上盖便可以打开了，这样箱子的下半部分就顺利地成为具有展示功能的托盘类的纸箱。需要重点说明的是，这种箱子的承压能力比较强，同前面所列的所有类型的纸箱相比，这种纸箱的承压性最强，所以这种纸箱一般都用来包装重量比较大，且码放高度比较高的货物，比如说饮料类的物品。这种纸箱的上半部分需要开槽，其高度以箱子的下半部分为基准。在设计下半部分时，要重视它的美观性，充分发挥其展示的功能。对箱子的整体设计来说，其上半部分多是用瓦楞纸板增加抗压性，下半部分应用微瓦楞纸板，以便于印制图案，这样因地制宜的设计，可以节省材料成本。

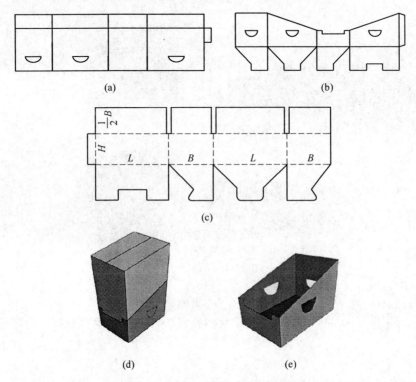

图 6-9　摁压分离式套合型纸箱

（a）箱盖结构；（b）箱底结构图；（c）0216 型纸箱；（d）纸箱运输时的状态；（e）纸箱展示时的状态

2. 撕裂分离式套合型纸箱设计

前面提到的摁压式纸箱的设计原理，是把箱子的上半部分和下半部分黏合处的部分向内进行按压，然后达到上半部分和下半部分分离的目的。按照这种形式，还有一种纸箱的设计方式，就是如图 6-10 所示的纸箱，称作撕裂分离式套合型纸箱。这种箱子同上面提到的摁压式纸箱的设计有相同之处，都是把箱子的一部分和另一部分分别制作好后，再黏合到一起，在黏合之前，设计箱板时需要在箱板上按照一定的形状先做好间隙切割压痕线以及手指可以伸入的孔洞，箱子的底部可以设计成封底式和锁底式两种，在箱体的前面有展示口，两边有压痕线，将上半部分和下半部分黏合到一起，然后就可以对货物进行包装运输了。在摆放货品时，可以沿着间隙切割压痕线将部分面板撕开，使箱子上下部分分离，最终达到展示的效果。

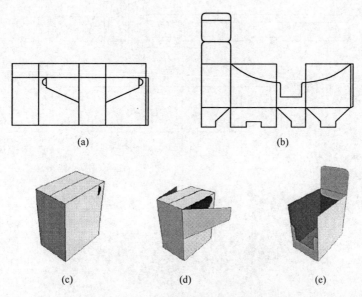

图 6-10　撕裂分离式套合型展示性纸箱

（a）箱盖结构；（b）箱底结构；（c）纸箱运输时的状态；（d）纸箱分离时的状态；（e）纸箱展示图

3. 罩盖分离式套合型展示性纸箱设计

图 6-11 所示为罩盖分离式套合型的展示性纸箱，标准的纸箱是有共同之处的，在图 6-11（a）中，这种纸箱是一种管状的构造；图 6-11（b）中的纸箱是一种天地盖的构造；在图 6-11（c）中，是一种箱底的构造，这种箱底可以是封合型，还可以是锁底式；如图 6-11（d）所示，在外部的一个盖板上设计有切割线，被切下来的纸板粘在箱子的面板上，在使用时，则按照图 6-11（e）所示将纸箱打开，不需要将纸板撕掉，而是把纸板掀起来即可。

（五）内附展示结构的纸箱设计

为了增加箱子的展示性，有的箱子在设计时，在纸箱的内部设计了可以展示货品的钩子，这样的箱子还可以同时作为展示货品的架子，纸箱还可以设计成具有广告宣传作用的形状，起到了一举两得的功效。

图 6-12（a）展示的是内部带有钩子的纸箱在运输过程中的形状，它是在普通箱子的基础上，设计了间隙切割压痕线和手可以伸入的孔洞。在箱子的底部设计了可以悬挂货品的钩子。在将箱子摆放上架时，把箱子按照图 6-12（b）的形式进行放置，把所展示的货品直接挂在钩子上；或者如图 6-12（c）所示，将广

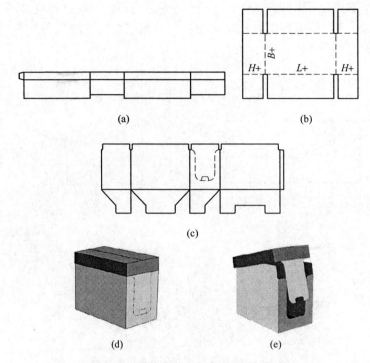

图 6-11　罩盖分离式套合型展示性纸箱

（a）箱盖结构 1；（b）箱盖结构 2；（c）箱底的结构图；（d）运输时的纸箱；（e）分离时的纸箱

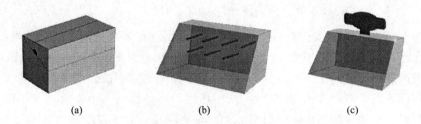

图 6-12　内置展示结构的纸箱

（a）纸箱运输图；（b）内置钩子的纸箱展示图；（c）带广告牌的展示性纸箱

告牌立于纸箱上，不仅起到一举两得的作用，而且可以节省时间，提升工作效率。

为了更加充分地显示这种纸箱的展示性，在设计时还可以在纸箱的外部加装上具有展示作用的宣传牌。

此外，一些箱子在底部设计了架子，这样的箱子会更加吸引消费者的注意力，充分显现箱子的展示性。

总之，这些具有展示性的纸箱设计方式有很多，使用者可以根据自身的实际需求选择不同的设计方式。

三、"九鼎酒"的纸包装结构设计

兼具运输和展示功能的"九鼎酒"纸质缓冲结构包装设计以微型瓦楞纸板为纸材，主要运用纸板的折叠结构对产品进行缓冲包装，以达到运用纯纸质材料的包装来保护产品安全的目的。设计创作以瓶装、组合装、礼品装、展示装这四种缓冲包装为案例，通过不同的结构来满足不同用途包装的安全缓冲要求。

（一）单瓶装结构设计

为了减少生产过程中的工艺流程，充分利用纸板面积，避免大部分的裁切造成的资源浪费，单瓶装的纸质缓冲结构包装采用"一纸成型"的设计理念，整个包装只用一张纸板就可裁切出来，并且充分利用纸板面积使裁切掉的纸板材料降到最低，减少浪费。

如图6-13、图6-14所示，单瓶装的缓冲结构在盒盖以及摇舌上通过变形使

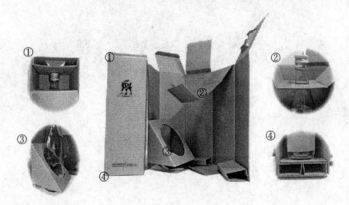

图6-13　效果图

内装物的顶部与盒盖之间形成一个缓冲空间，避免产品跌落时对瓶顶的冲击（见①）。为了固定瓶身使产品保持在包装内的稳固，通过③部分的折叠在包装盒内形成一个三角空间，瓶身穿过三角结构固定瓶身，瓶颈穿过②部分折叠成的稳定结构固定瓶颈。瓶底的缓冲同样通过对摇舌的折叠使瓶底与盒底之间形成一个长方体的缓冲区域（见④），充分保障产品在受到冲击时的安全。

整体来说，此方案为了包装产品的安

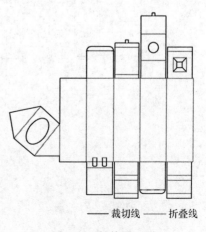

——裁切线　——折叠线

图6-14　结构展开图

全，在瓶身、瓶颈做了固定，防止产品左右滑动；在瓶顶与瓶底分别做了缓冲空间能够充分保障产品在运输过程中的安全。

（二）礼品装结构设计

这种方案采用盘式盒的方式，对组合产品进行缓冲包装，适合商品的促销，例如"买一送一"等优惠活动，也可作为礼品包装。如图 6-15、图 6-16 所示，包装的四壁都是瓦楞纸板经过折叠形成，具有较强的缓冲性。对于承担产品主要缓冲作用的内衬则和盒身连接在一起达到一纸成型的效果，同时保证了包装的完整性。

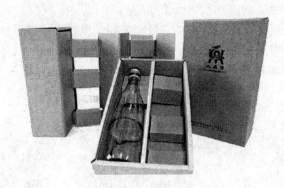

图 6-15   效果图

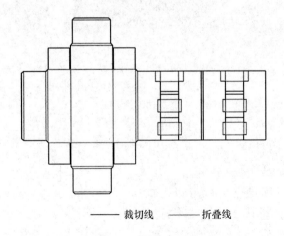

—— 裁切线   —— 折叠线

图 6-16   结构展开图

（三）组合装结构设计

这种方案对瓶顶缓冲与瓶底缓冲进行单独设计，这种方法的优点在于，针对一瓶装、两瓶装、多瓶装、箱装的多瓶包装只用按瓶数增加相应的结构面积即可。

此方案的瓶底缓冲与瓶顶缓冲结构分别采用一块纸板折叠完成，在创造上下缓冲空间的同时能够很好地固定瓶身与瓶颈，使瓶身的上、下、左、右全方位地受到缓冲结构的保护。如图 6-17、图 6-18 所示，瓶顶缓冲结构同样使用一纸成型，与底部缓冲除了尺寸之外设计与制作方式都完全一样，减少了工艺流程，同样也是根据装瓶数相应地将单瓶装的图纸复制在一起就可以，方便地解决了多瓶装的问题。

图 6-17　效果图

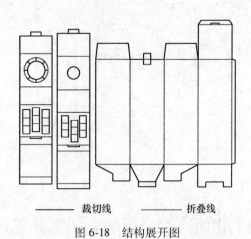

——— 裁切线　　——— 折叠线

图 6-18　结构展开图

（四）展示装结构设计

如图 6-19、图 6-20 所示，同样为了节省材料，达到环保的目的，采用一纸成型的结构，充分利用开窗口需要裁切的纸板，让开窗处的纸板起到稳定瓶身的作用，不仅节省纸材，同时避免包装内部复杂的结构遮挡瓶身，使瓶身能够更突出地展示在消费者面前。在开窗的同时为了保护产品的安全，在瓶顶、瓶底设计了稳定的缓冲空间，瓶身也得到了很好的稳定。

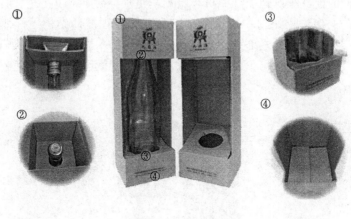

图 6-19　效果图

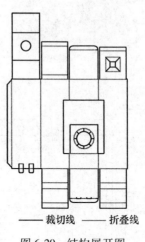

—— 裁切线　—— 折叠线

图 6-20　结构展开图

第二节　基于物流成本分析的瓦楞纸箱优化设计研究

一、物流成本相关理论

（1）黑大陆理论。大部分公司的生产运营关于费用的结算包括四个环节，即成本费用、运营成本、管理成本以及其他的成本。运营成本可根据结算的方式再进行划分，彼得·德鲁克提出和物流相关的理论称为黑大陆理论❶。

"黑大陆"理论强调的大概含义是要求人们对物流进行更多的分析和探索，加强其研究与应用，并且完善公司的运营与发展。

（2）物流成本冰山理论。日本的著名学者西泽修通过分析和探索黑大陆学说并归纳和总结出自己的观点与思想。具体的理论是对物流所需的成本用冰山来比喻，而如今财务部门计算出来的也就是人们能够看到的成本消耗，仅占据冰山露出来的小部分，而人们看不到的成本消耗是所占比例最大的，不可能完全看到成本的消耗，所以，物流成本被认为是最重要的问题。

西泽修还总结出，海面以上的冰山部分被视为代理物流费，人们能够看见的被公之于众的成本费，海面以下的部分就是公司的管理费用、设备材料的成本费、交通费用以及涉及贷款所还的利息费用，还有工作人员的劳务费等。

（3）第三利润源理论。这个理论也是日本著名学者西泽修提出来的。理论的具体内容是在人们所使用的物品的生产加工过程中，包含有两个利润源，其中一个是提高机械的科技能力，增加其生产效率，使产品能够在较短的时间内产量更多，进而增加其收入的利润源。另一个利润源就是使生产工具完全自动化，这样就不会出现浪费劳动力的情况，还可节省时间成本以及其他运营成本。

随着时代的发展和社会的进步，生产机械也在不断地进行改进和推广，之前提到的两个利润源实际上是有局限性的。因此，物流这部分领域是目前人类最关心和需要解决的问题，第三利润源理论由此出现。

（4）"效益背反"学说。从这个学说的字面意义理解，一定是相克相反的关系，也可以理解为是内部矛盾的反映和表现。"效益背反"学说指的是物流领域中，物流的每个方面的作用之间存在着相互制约和影响的关系，也就是说，一个作用得到提升并且增加收入时，其他方面的功能价值以及收入就会减少，否则就会出现相反的情况。实际上这是一种此消彼长、此盈彼亏的状况，往往导致整个物流系统效率的低下，最终会损害物流系统功能要素的利益。一般来说，物流系统的效益背反的内容包括成本消耗与服务水平的效益背反，或者其他物流各功能活动的效益背反等。学说主要表明在控制成本消耗的同时，应该综合全面地考虑，不是某一方面所消耗的成本低就是最优秀的设计。

二、物流包装在物流环节中的损坏形式分析

物流包装实际上最大的功能就是对物品加以防护避免受伤，物流包装强度的设计间接影响货物是否被破坏以及损坏的程度，还有成本消耗的问题。物流包装强度过低，会导致货物在装卸或者运输的过程中被破坏，同时也会加大其成本消

---

❶　张艳平．产品包装设计［M］．南京：东南大学出版社，2014．

耗；但是，如果物流包装强度过高，将大幅度加大物流包装耗费的成本。所以，要对物流包装整个过程中的每个步骤充分掌握操作与技能，尽最大可能地避免货物受到损害；包装的设计更要科学合理，尽量控制成本的消耗。

现如今，市场经济互联网化，时代在进步，社会在发展，物流在人们的生活中应用的范围和次数逐渐广泛和频繁，并且交通运输以及货物的储存能力也在逐渐增强，不管货物所在的场地与目的地之间的距离有多远，或者在运输的过程中要经过多少驻点以及多长时间的停留，要保证货物都不会受到损坏。物流的每个步骤都有不同的地方，例如，工作人员的处事方式、性格特点等，机械的运转等。所以，在如此多样化的流程中进行货物的运转实际上是非常大的挑战。

（一）物流包装在运输环节中的损坏形式分析

运输是物流整个过程必不可少的程序，同时也是保证货物到达消费者手中的一个重要途径。❶现在已经存在的或者说正在使用的交通方式包括五种：客运方式、铁运方式、水运方式、空运方式以及管运方式，通常情况下除了最后一种之外的其他交通方式都是最主要的交通运输方式。在运输的过程中，货物受到损坏有以下几种情况：

（1）冲击。交通工具的速度突然增降时，根据其受力情况会对货物有影响，甚至会使货物受到损坏，比如在拐弯时或者在刹车时，都会使速度发生转变。交通工具的仓库里如果货物堆码的空隙较大，发生加速或者降速的情况下，货物就会坍塌、脱落以及混乱不堪，货物与货物之间，货物与车库之间就会产生碰撞，从而导致货物受到损坏。

（2）振动。现在人们经常乘坐的交通工具在发动的过程中几乎都会产生振动，客运过程中产生振动的主要原因大概是道路坑坑洼洼或者交通工具本身没有避震功能；铁运过程中产生振动的主要原因是路轨之间的缝隙还存在空间；水运过程中产生振动，是因为海面上的海浪较大；空运过程中产生振动，是由空气中的气压导致的。每个交通工具的功能和基本构造都是有区别的，再加上其运输所处的外界影响因素不同，所以产生振动的方式也就有所差异。

（3）压缩。货物基本上都要整齐有规则地放置在车库中，货物与货物之间会互相挤压，尤其是处于最底层的货物，所受到的挤压力最大。车辆在突然发生速度转变时，因为力的物理惯性，处于内侧的货物就会挤压外侧的货物；当产生振动时，处于上部的货物就会挤压下部的货物。

（4）气候条件。如果货物距离目的地太远，货物在运输的过程中可能要经历外界天气的变化，除了晴天之外，无论什么样的天气变化都会对物流包装产生

---

❶　魏风军．瓦楞纸箱抗压强度的计算与抗压性能测试［J］．印刷技术，2008（24）：29~31.

影响甚至是危害，如果包装的封闭性不强或者里面的货物是容易腐烂的，那么这样的天气变化会使货物受到损害。

（5）其他影响因素。还有一些化学性质的影响因素，例如，一氧化碳或者二氧化碳等气态物质，红外线以及紫外线的辐射等，细菌、病原体、虫子等微小生物，都会使物流包装受到危害。除此之外，还要注意数码产品的静电损坏，以及防止被盗。

（二）物流包装在储存环节中的损坏形式分析

物品在进行储存时，其周围的各项因素会对物流包装产生一定的干扰，储存也是一个不可或缺的步骤。

（1）仓库环境。空间中的温度或者潮湿度会对物流包装造成很大程度的干扰。空气中的温度过高或者很潮湿，就会使包装箱尤其是纸质材料做成的包装被浸软。还有就是周围环境是否封闭完好，如果封闭性差，外界的灰尘、红外线与紫外线辐射等，都会对物流包装产生很大程度的干扰。细菌、虫类还有其他的一些微小生物也会对物流包装造成影响。

（2）堆码状况。货物的堆积数量是与其体积呈正比关系的，货物的堆积数量越多，物品之间的挤压和受力的强度就越高，一些物品的包装可能会被破坏。此外，如果长时间货物没有被运走，本来包装较为完好的以及承受压力也较强的包装箱也会逐渐被破坏。

（三）物流包装在装卸搬运环节中的损坏形式分析

装卸运输应该是物流包装整个过程中需要尽最大可能避免其受到破坏的一个环节。物流包装的整个过程运行复杂，步骤繁多，所以，货物的搬运频率也相对较高，因此，装卸运输对物流包装来说是至关重要的一个环节，在装卸运输的过程中，如果没有根据规定和原则去操作，同样会造成物品的损害。

三、一种数码相机用的组合式瓦楞纸包装缓冲装置

（一）产品设计背景

市场上数码相机的包装涉及的材质有 EVA（海绵）、泡沫（EPP/EPS）、硬质塑料、珍珠气泡袋、纸等；其中，纸更多地用于外包装盒，少数用于内包装。

目前，数码相机包装结构由三部分组成，以瓦楞纸箱为主的外包装，以防尘、防静电为主的塑料内包装和介于两者之间的缓冲包装。瓦楞纸是由面纸和通过瓦楞辊加工而形成的波形的芯纸黏合而成的板状物，一般分为单瓦楞纸板和双瓦楞纸板两类。瓦楞纸的设计和应用有 100 多年历史，具有成本低、质量轻、加工易、强度大、印刷适应性样优良、储存搬运方便等优点，80%以上的瓦楞纸均

可通过回收再生，瓦楞纸可用作食品或者数码产品的包装，相对环保，使用较为广泛。

现有的数码相机的包装特点如下：

（1）包装形式单一，包装利用率低。

（2）包装材质不唯一，增加生产制作的成本。

（3）材质的多样造成对环境直接或间接的破坏，违反绿色包装的理念与宗旨。

（二）结构设计内容

本设计提供一种数码相机用的组合式瓦楞纸包装缓冲装置，采用组合式包装，满足多元化的包装性能要求；采用一纸化成型，各组成部分的成型过程操作方便、结构简单；并且采用绿色的包装材料进行设计，充分体现和满足绿色设计的理念与要求。

为实现上述目的，该设计所采用的技术方案如下：

一种数码相机用的组合式瓦楞纸包装缓冲装置，包括相配合的底盒结构和上盒结构，所述底盒结构与上盒结构对称分布且二者可拆卸连接。

底盒结构包括底面、附件存储结构、前端支撑结构、第一凹形组合结构、第二凹形组合结构、盒体式存储结构、后端缓冲结构、空腔形成结构、凹形内衬卡固结构、侧面缓冲保护结构。侧面缓冲保护结构通过一组平行的侧面连接结构连接且相对设置在底面边缘；单个侧面缓冲保护结构包括两个连接的中空瓦楞部分，两个所述的中空瓦楞部分的连接处设有卡接固定结构；底面上通过粘接的瓦楞纸层设置凹形内衬卡固结构，位于凹形内衬卡固结构的一侧紧贴侧面缓冲保护结构设置空腔形成结构。空腔形成结构设有与凹形内衬卡固结构相配合的凹形槽，空腔形成结构的一端连接后端缓冲结构，空腔形成结构的另一端连接有与后端缓冲结构相对的前端支撑结构。前端支撑结构远离凹形内衬卡固结构的一侧设置附件存储结构。附件存储结构水平贯穿所述底面，位于凹形内衬卡固结构相对的位置设有盒体式存储结构；盒体式存储结构紧贴一侧的侧面缓冲保护结构设置；盒体式存储结构的两端分别连接有第一凹形组合结构、第二凹形组合结构。

侧面缓冲保护结构、侧面连接结构均与底面垂直，侧面缓冲保护结构、侧面连接结构与底面之间组成凹槽体结构。

卡接固定结构呈凹形结构，卡接固定结构包括水平段，分别连接在水平段两侧的第一竖直段、第二竖直段。第一竖直段连接在侧面缓冲保护结构的侧壁上，第二竖直段向下弯折且伸入侧面缓冲保护结构内设置。

空腔形成结构通过自身的凹形槽与凹形内衬卡固结构卡接设置。

凹形内衬卡固结构通过自身弯折形成相连的第一凹槽、中空瓦楞卡槽、第二凹槽。

第一凹形组合结构、第二凹形组合结构、盒体式存储结构均位于底盒结构的一侧。

空腔形成结构与第一凹形组合结构、第二凹形组合结构相对设置。

后端缓冲结构水平贯穿底面，后端缓冲结构包括多个平行且间隔设置的中空槽体部分。

底盒结构的材质包括海绵、泡沫、硬质塑料、珍珠气泡袋、纸。

该设计的有益效果：

（1）该设计采用组合式包装设计，结构紧凑，且各部分结构简单，便于模切生产，成型过程简单且易操作；由于均是一纸化成型，所以在运输过程中能以平板的形式运输，大大地减少对空间的占用率，且使用简单方便。

（2）该设计为组合式缓冲结构，使用时，通过各部分的组合式拼接，能够成型为完整、结构紧凑的缓冲保护体。

（3）该设计特有的镜像对称结构，能够有效增加保护体的稳定性，使其中的产品能够安全稳定地被固定在保护体中；周边的缓冲空间又能够提供足够的缓冲保护，增加对产品的控制力以及产品在运输过程中的稳定性与安全性，有效避免产品受到的冲击力。

（4）该设计采用的材质单一，为绿色环保的瓦楞纸材料，方便回收再利用，充分体现了绿色与经济的包装理念。

（三）附图说明

为了更清楚地说明该设计实例或现有技术中的技术方案，下面将对实例或现有技术描述中所需要使用的附图作简单的介绍。

图 6-21 所示为设计的结构示意图。

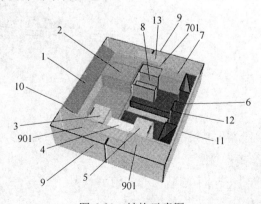

图 6-21 结构示意图

图 6-22 所示为底盒结构的部分展开示意图。

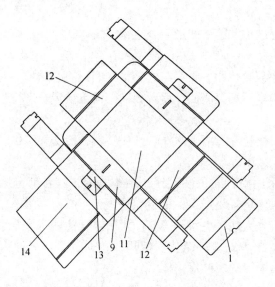

图 6-22　底盒结构的部分展开示意图

图 6-23 所示为设计的部分结构示意图。

图 6-24 所示为后端缓冲结构的结构示意图。

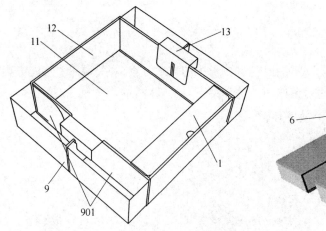
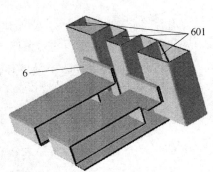

图 6-23　部分结构示意图　　　　　图 6-24　后端缓冲结构的结构示意图

图 6-25 所示为凹形内衬卡固结构的结构示意图。

图 6-26 所示为前端支撑结构的结构示意图。

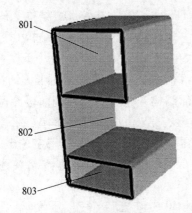

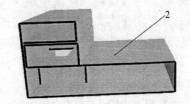

图 6-25　凹形内衬卡固结构的结构示意图　　图 6-26　前端支撑结构的结构示意图

图 6-21~图 6-26 中：1—附件存储结构；2—前端支撑结构；3—第一凹形组合结构；4—盒体式存储结构；5—第二凹形组合结构；6—后端缓冲结构；601—中空槽体部分；7—空腔形成结构；701—凹形槽；8—凹形内衬卡固结构；801—第一凹槽；802—中空瓦楞卡槽；803—第二凹槽；9—侧面缓冲保护结构；901—中空瓦楞部分；10—底盒结构；11—底面；12—侧面连接结构；13—卡接固定结构；14—上盒结构

（四）具体实施方式

下面给出具体实例，对该设计的技术方案做进一步清楚、完整、详细的说明。本实例是以该设计技术方案为前提的最佳实例，但该设计的保护范围不限于下述的实例。

一种数码相机用的组合式瓦楞纸包装缓冲装置，包括相配合的底盒结构 10 和上盒结构 14，底盒结构 10 与上盒结构 14 对称分布且二者可拆卸连接；该设计中，底盒结构 10 和上盒结构特有的镜像对称结构，能够有效地增加保护体的稳定性，使其中的产品能够安全稳定地被固定在保护体中，周边的缓冲空间又能够提供足够的缓冲保护，增加对产品的控制力以及产品在运输过程中的稳定性与安全性，有效避免产品受到的冲击力。

底盒结构 10 包括底面 11、附件存储结构 1、前端支撑结构 2、第一凹形组合结构 3、第二凹形组合结构 5、盒体式存储结构 4、后端缓冲结构 6、空腔形成结构 7、凹形内衬卡固结构 8、侧面缓冲保护结构 9。侧面缓冲保护结构 9 通过一组平行的侧面连接结构 12 连接且相对设置在底面 11 边缘，单个侧面缓冲保护结构 9 包括两个连接的中空瓦楞部分 901，两个中空瓦楞部分 901 的连接处设有卡接固定结构 13，底面 11 上通过粘接的瓦楞纸层设置凹形内衬卡固结构 8，位于凹形内衬卡固结构 8 的一侧紧贴侧面缓冲保护结构 9 设置空腔形成结构 7，空腔形成结构 7 设有与凹形内衬卡固结构 8 相配合的凹形槽 701，空腔形成结构 7 的一端连接后端缓冲结构 6，空腔形成结构 7 的另一端连接有与后端缓冲结构 6 相对的前端支撑结构 2。前端支撑结构 2 远离凹形内衬卡固结构 8 的一侧设置所述附件存储结构 1，附件存储结构 1 水平贯穿所述底面 11，位于凹形内衬卡固结构 8 相对的位置设有盒体式存储结构 4。盒体式存储结构 4 紧贴一侧的侧面缓冲保护结构 9 设置，盒体式存储结构 4 的两端分别连接有第一凹形组合结构 3、第二凹形组合结构 5。空腔形成结构 7 既能够为凹形内衬卡固结构 8 提供稳定的卡槽，又能提供缓冲空间，从而能够很好地起到缓冲保护的作用，削弱甚至消除流通过程中外界的冲击力对产品的损害。

卡接固定结构 13 呈凹形结构，卡接固定结构 13 包括水平段，分别连接在水平段两侧的第一竖直段、第二竖直段，第一竖直段连接在侧面缓冲保护结构 9 的侧壁上，第二竖直段向下弯折且伸入侧面缓冲保护结构 9 内设置。

空腔形成结构 7 通过自身的凹形槽 701 与凹形内衬卡固结构 8 卡接设置。

凹形内衬卡固结构 8 通过自身弯折形成相连的第一凹槽 801、中空瓦楞卡槽 802、第二凹槽 803。

第一凹形组合结构 3、第二凹形组合结构 5、盒体式存储结构 4 均位于底盒结构 10 的一侧。

空腔形成结构 7 与第一凹形组合结构 3、第二凹形组合结构 4 相对设置。

后端缓冲结构 6 水平贯穿所述底面 11，后端缓冲结构 6 包括多个平行且间隔设置的中空槽体部分 601。

底盒结构 10 的材质包括海绵、泡沫、硬质塑料、珍珠气泡袋、纸。该设计采用的材质单一，为绿色环保的瓦楞纸材料，方便回收再利用，充分体现了绿色与经济的包装理念。

侧面缓冲保护结构 9、侧面连接结构 12 均与底面 11 垂直，侧面缓冲保护结构 9、侧面连接结构 12 与底面 11 之间组成凹槽体结构。

侧面缓冲保护结构 9 的中空瓦楞部分 901，采用瓦楞纸层粘接围成的空腔结构，不仅节省原材料，还能够为卡接固定结构 13 提供基座，提供缓冲空间，起到很好的缓冲保护作用。

四、对瓦楞纸箱物流包装的合理化建议

（1）在商品包装的制作和选材过程中，应避免产生更多的压痕线，控制压痕线的数目以及压痕的力度不能过大，压痕力度过大会导致包装箱强度过低。

（2）当物流包装需开设提手孔时，应将开设位置尽量靠近纸箱中心线。

（3）在商品包装的制作过程中，一定要注意边角的硬度，例如，在运输或者堆码的过程中，物品受到的挤压强度非常大，加大了边角的硬度，相当于增加

了包装箱的强度，可以预防外界对于物品的破坏。包装箱的六个面不是整个箱体的受力主体，所受的挤压力度比较小，在保证箱子总的受力强度的情况下，降低六个面使用的材料用量，也就相当于减少了成本消耗。

（4）在堆码的过程中，箱子所受的挤压力是和时间呈正比关系的，尤其是处于最底层的包装箱，所以，工作人员要加快工作速度，降低货物堆积的时间，避免货物受到损坏。不同的堆码方式货物所受的挤压强度也不同，大多数情况下，为了使货物堆积坚固都会选取交错堆码的方式，但是，为了使处于最底层的货物不受损坏，一般选取垂直堆码的方式。

（5）包装箱的构造也会对其强度和承重能力产生影响，例如，包装箱长、宽、高的比例组成。所以，在包装的设计和制作过程中，选取能够增加其承重能力的长、宽、高比例，在装货的过程中增加其摆放的宽度，防止包装箱摆放太高而不够稳定。因此，货物在摆放时，可以控制长与宽的比例达到 1∶4 的标准，并增加其包装箱的承重能力等。

（6）包装箱垂直楞向时的承重能力要超过水平楞向时的承重能力，所以，为了堆码的稳固性和承重能力，要选取垂直楞向的包装箱。

（7）相对于钉合的封闭方式，使用胶水黏合的封闭方式更能增强包装箱的承重能力。所以，为了增强包装箱的承重能力，应尽量选取胶水黏合的封闭方式。

（8）当包装箱的承重能力无法支撑到整个物流过程的最后环节时，要对包装的构造进行改进和完善，切忌选取加大其材料成本的方式来增强包装箱的承重能力，改进与完善不仅不会造成成本的消耗，而且可以增强包装箱的承重能力。

第三节　本章研究结论

本章对兼具运输和展示功能的纸包装结构设计、基于物流成本分析的瓦楞纸箱优化设计进行研究。主要研究成果总结如下：

（1）对物流包装整个过程中的每个步骤可能会发生的危害都做了全面的研究，归纳出引发和造成危害的各种原因以及影响因素等。

（2）包装箱的构造要根据市场的需求以及自身的稳固性和承重能力进行完善的设计。

（3）现如今，纸质包装的发展越来越广泛，市场对纸质包装的需求越来越高，这也是未来发展的方向。生产纸质品的厂家与同行在将来的比拼中会更加激烈，所以要深入分析和探讨瓦楞纸板的功能。

第七章 低碳设计理念下的原生态纸包装结构优化设计创新研究

在低碳设计理念的影响下，原生态包装提出了绿色环保的包装设计新概念。纸包装结构设计也逐渐以简洁、清新，自然，甚至原始的绿色环保风格。根据低碳设计的要求，可以制定未来纸包装结构设计的创新发展方向，并结合传统文化与时尚的现代包装设计元素，规划出原生态包装传承与创新设计的未来发展之路。

第一节 低碳设计理念与原生态纸包装结构优化设计解读

一、低碳设计理念的一般性分析

（一）关于低碳

2009 年 12 月的哥本哈根世界气候大会之后，为了使人们重视生态环保，各大新闻媒体开始将"低碳"一词带入公众视野。❶ 公众也开始加强低碳节能意识，低碳时代真正到来了。

低碳是一种贴近自然的生活态度，而日常生活中想要做到真正的低碳，就要注重产品的低碳设计。

（二）低碳设计及其影响

人们将实现了室内二氧化碳气体排放的设计称为低碳设计。例如，将人工调节温度的装置改为依靠自然通风、自然采光来调温的形式；太阳能热水器的设计，就是出于节能减排的考虑需要研发的。这种设计减少了温室气体的排放，在一定程度上为改善环境贡献了一分力量，同时又节约了资源。

当前人们在日常生活中逐渐开始注意运用"低碳设计理念"，而且这一理念在一定程度上已经影响了人们的价值观念，最主要的是从根本上控制住了二氧化碳的排放量。低碳理念对人们的影响体现在生活中的点点滴滴，从宏观上讲，科技的发展和人们生活价值观的养成，也都受到低碳理念的影响。从微观上讲，人

---

❶ 王淑慧. 现代包装设计［M］. 上海：东华大学出版社，2011.

们的衣食住行、交际活动都有低碳理念的参与。低碳设计开始受到人们的关注并得到广泛的提倡，且低碳设计的理念逐渐向人们的日常生活渗透。因此，出现了一些新兴名词，比如低碳服饰、低碳食谱、低碳家居、低碳交通、低碳能源、低碳人文等。人们运用低碳理念设计日常生活中需要使用的细节，既节能减排，又符合可持续发展的理念，已成为解决生态环境问题的一个有利条件。

二、关于原生态包装的具体分析

（一）关于原生态包装

原生态指没有被特殊雕琢，存在于民间原始的、散发着乡土气息的表演形态，它包含着原生态唱法、原生态舞蹈、原生态歌手、原生态大写意山水画等。原生态还包括原生态种植等。❶ 它是最本真的自然，代表着最原始的美感以及人与自然的和谐美，远离了社会的喧嚣和商业的渲染，与那些嘈杂的社会和主流商业文化形成了鲜明的对比。

原生态的观点实际上符合古代"天人合一"的理念。人和自然在本质上是相通的，故一切人事均应顺乎自然规律，达到人与自然和谐相处。原生态的包装正是追求道家这种所谓的人与自然环境、人与人之间的和谐统一与共同发展理念。自然给予了人原生态设计的灵感，这种包装设计极具生命意义，融合了不同的民族、地域和环境的特色。这种包装自古以来就存于人们的生活之中，不过随着经济的不断发展，人们逐渐抛弃了这种原生态的思想。而在低碳理念的引导下，原生态的包装又开始重新获得人们的关注，带动了包装行业的理念创新和思想变化。

（二）原生态包装的设计特点

原生态包装关注的是原生态的设计和使用功能，这种设计符合传统民生的地域特点和传统的生态智慧，着重在符合环境适应性的情况下，最大限度地关注使用者的体验，实现可持续发展理念下的动态新概念设计形式。其主要的设计特色包括以下几点。

第一，推崇天然环保的包装材料。包装不能只追求外表的精美，更要追求实用性。土、竹、石、棉、麻、草以及植物的茎、叶、果皮、纤维和普通的纸盒、布料等，虽然外表粗糙，但是就其实用性、环保性和利用率来说，都要优于此前应用的塑料、泡沫等，这些材料是取自于大自然，不经工业加工的自然包装，天然、原始而且无公害。这种包装就算是作为废弃物丢到地里、河里也不会对土壤和水源造成污染，反而会成为植物生长的肥料，周而复始的循环利用也是节约资源的方式。塑料、泡沫等物质不仅不能二次利用，甚至废弃之后也是无法降解

---

❶ 陈卓. 现代包装设计中绿色生态包装材料的研究［J］. 住宅与房地产，2018（3）：121.

的，这会对生态造成巨大的破坏，所以，极不提倡人们使用塑料和泡沫包装。原生态包装符合人们提倡的绿色环保理念，也符合低碳设计的期待。这些包装材料都源于自然，所以，原生态包装的特点之一就是绿色环保。

第二，包装结构简洁，设计过程生动，造型语言精练，而且信息传达准确。在绿色环保理念的引导下，大部分的原生态包装都使用手工制作完成加工，像陶瓷容器一类，选土、陶泥、制坯、干燥、修坯、上色、焙烧这些步骤都是纯手工完成的。人们将这种方式戏谑地称为"大自然拿来主义"，从各个方面均能体现出绿色环保的特色。

第三，在创新设计的过程中，要对自然生态保持尊重，同时要注重继承传统文化中的精华部分，比如，其中的民族特色和风土人情，简朴却不失风雅，就很值得借鉴。

人们的日常生活中，精神和物质、艺术和生活都是不可分割的两个部分。原生态包装既是生活中的必需品又与艺术紧密相关。作为民间艺术的一种，原生态包装包含了人们的审美特征，其贡献既体现在物质生活层面，也体现在环保领域，对于文化传播有着重要的意义。所以，原生态包装的设计理念离不开人们在劳作中与自然结合的理念，也离不开原生态的精神文化内涵。这种原始自然的文化正好与人们回归自然寻求本真生活的理念相符合，与人们希望追求健康的生活模式的情感需求相匹配。采用原生态的包装，表达了人们对原始清新自然的一种诉求。所以，原生态包装根据地域和人文特点的差异性也呈现出不同的设计风格。这种地域和民族特征的设计会引起人们强烈的情感共鸣，从而增强购买欲望，这样不仅打开了市场，同时也让人们更加深入地领略到地域民族文化的内涵。

随着时代的发展、科技的进步，经济与文化也越来越朝着全球化方向发展，获取信息的途径越来越多，也越来越方便。然而在原生态包装设计的特点中，最不可或缺的一点就是在现代设计中应用本土语言。本土语言的使用可以更深入地传承民族文化，不同地区不同民族间传递信息的沟通方式都不尽相同，利用当地的语言不仅丰富了文化内涵，也拉近了与当地人的距离，带给人们自然、亲切的感受。无论是无锡的小笼包、湖南的松花蛋，还是开封的花生糕、杭州回春堂中药的包装等，无一不体现着当地的民俗文化，之所以流传至今永不磨灭就是因为其文化极具可传承性。

生活方式、风俗习惯、地理环境的不同，都会衍生出不同的原生态包装文化。其体现了各民族的文化特色和生活方式并加以运用和发展，构建出一套原生态的文化理论体系和意识形态，其语言更加富有感染力和创造性。原生态包装兼具大度饱满和精致细腻的器物造型，浓烈而又不失淳朴的民族文化特征，包含了博大精深极具包容性的民族文化，自然气质和民族文化意识都在原生态文化中体现出来。

第四，设计不能贪多，也不能为求精致做得极为复杂，应当把握一个度，追求简约美。做到不加装饰也能美得大气、美得自然，直接表达出自身的设计意图，简约而不简单。

（三）原生态包装的设计原则

原生态包装设计必须遵循以下几条原则：

首先是环保原则。环境污染问题目前已经非常严重，这就要求必须将环境保护的理念应用到日常生活中去，所以，设计师更应该在原生态包装设计时，融入环境保护的理念，选择相对环保的材料，一切以保护环境、减少污染为目的。而且设计和制作的过程要简洁精练，尽最大可能将物耗和能耗降到最低。

其次是性能原则。自然本身的特征和各项功能都能给设计带来一定的灵感，在此基础上应用现阶段所掌握的科学技术，一定能创造出高性能、低耗能的产品，高质量的筛选和应用也更有利于产品的大批量生产和机械化加工。

最后是经济原则。设计时要注意生态的平衡问题，尽量保证经济的低碳化。提出原生态包装理念之初，人们的关注点仅仅停留在表面现象，然而现在需要的是人们对原生态包装的本质认知和人文素养解读。遵循原生态包装的原则可以使"自然美"与"功能"达到和谐的统一。

符合了以上原则，才能构建环境友好型社会，人们才能向往高质量的、可持续发展的美好生活。

第二节　低碳设计理念下的原生态纸包装结构优化设计现状与问题分析

一、低碳设计理念下原生态包装传承与创新设计的背景分析

（一）环境因素分析——绿色环保设计成为原生态包装发展新趋势

1. 绿色包装理念影响原生态包装的发展

包装是一个古老而现代的话题，从原始社会到农耕时代，再到科技十分发达的现代社会，从人类的进化、商品的出现到生产力的发展和科学技术的不断进步，都给包装行业带来一次次的重大突破。自 1970 年 4 月美国保护地球环境大游行、1972 年发表人类环境宣言以后，有远见的经济学家和企业家掀起了一场以"保护环境，节省资源"为核心的"绿色革命"运动。20 世纪 70 年代末，西德率先推出有"绿点"（即产品包装的绿色图案标志）的"绿色包装"。随后，加拿大、日本、美国、澳大利亚、芬兰、法国、瑞士、瑞典、挪威、意大利、英国等国家也先后开始实行产品包装的环境标志。至 1993 年国际标准化组织

（ISO）正式成立了"环保委员会"，着手制定绿色环保标准，该标准到1996年正式在全球施行，现已被世界各国广泛认知和推广。

总之，绿色包装就是以环保为主基调，并将其贯穿在生产、运输和使用等各个环节中。

要达到这个标准，仅凭产品本身难以做到，仅凭包装材料方面的选材和设计也是不够的，还需要将生命周期内排放的二氧化碳总量这一范畴考虑在内进行设计，才能做到绿色包装。绿色包装的理念体现出人们对生态保护的强烈意识，因而也会改变传统包装的发展方向，设计者们不仅要考虑到设计成本、商品的合理性与便携性等，还需要注重绿色环保的产品主题与主线，要保护生态，回归自然。这是传统包装变革的新方向，也是对设计师提出的新要求，是产品迈向绿色环保的新阶段。

2. 绿色环保设计成为原生态包装的发展主流

绿色环保这一倡议，被应用到包装设计领域中，受到了设计者和消费者的强烈支持，人们呼吁保护生态的声音越来越强烈，因此，绿色环保必然会成为原生态包装设计的新的主流发展方向。原生态包装在绿色环保方面，其设计不仅在于包装产品上使用绿色标志，而且要研发出绿色环保的材料，这样才能以人为本，保护生态。比如，研发可食性的包装材料，利用糯米研发出糯米纸，用玉米为原材料制作成包装杯，还有利用可回收、可降解的材料代替一次性的材料，能够增加材料的循环使用率，从而节约资源。不仅如此，设计者除了要在原材料的研发和选择上下功夫，还要在包装设计上植入保护生态与提倡绿色的元素，让商品的外观与消费者在精神上建立联系，唤醒人们的环保意识，比如，设计出以绿色环保为主题的结构造型、色彩和文字等，这样可以更好地促进绿色环保事业的进程。绿色环保之所以能够迅速成为包装设计的主流，是因为这种理念顺应了人们的生活需要，也符合原生态包装自身发展的规律，包装设计采取绿色环保的方式，能有效减轻环境污染，符合国际环保发展的需要；是国际贸易打破贸易壁垒的关键因素之一，也是实现包装工业发展的唯一道路。

绿色环保设计，必须遵循人类与自然和谐共处的关系理念，最大限度地降低设计行为对生态环境的破坏，并以此作为根本目的。因此，绿色环保设计，有利于原生态包装取得更好的发展。然而，要实现保护生态与绿色设计的双赢绝非易事，不能单凭最原始的包装，也不能一味地追求包装设计的精美和实用，利用科技的手段而无视对自然环境的影响，二者不能仅取其一，必须兼顾两个方面。要以创新为纽带，连接这两个方面。因此，绿色环保设计概念应成为设计师们新的研究方向和发展目标。

（二）文化因素分析——简约民族文化成为原生态包装设计新时尚

《论语·雍也》有云："质胜文则野，文胜质则史，文质彬彬，然后君子。"

"质"是指质朴，亦有本质、实用之意；"文"是指纹饰、装饰；"野"是指粗陋、缺少审美意境；"史"是指虚浮不实、烦冗奢靡；"彬彬"则是指相杂适中的。所以这句话的意思是"质朴胜过了纹饰就会显得粗野，纹饰胜过了质朴就会表现得虚浮、奢靡，质朴和纹饰比例恰当，才可成为君子"。而好的包装设计就应该倡导"文"与"质"的相得益彰。因此，简约文化已逐渐成为原生态包装设计的新时尚。❶ 这一设计理念不仅体现了现代包装设计美学"以用为本，以质朴为尊，以质朴为雅，以华丽为俗"的审美思想，同时还符合原生态包装的绿色环保的设计理念。

受到简约文化的感染，原生态包装也将简约加入到了设计主题之中，让产品成为回归自然的流行风尚。简约、自然的特点，主要体现在包装设计的原材料方面，还有色彩、图形、汉字等排版方面，这样不仅可以节约资源、降低成本，而且也能减少环境污染。

二、低碳设计理念下原生态包装发展存在的问题

（一）原生态包装绿色发展的资金、包装技术、人才等投入不足

在低碳设计理念的感染下，原生态包装行业，必然向绿色环保的理念发展，以绿色环保为主题的设计，也会成为主流的设计方向。然而目前还存在许多制约绿色设计发展的客观问题，比如由于技术的制约，还有企业规模的限制，以及成本较传统的包装偏高等，导致绿色包装缺乏竞争力，使得原生态绿色包装的发展受到严重的制约。除此之外，绿色包装的前提是高新技术的支持。在目前，有能力研发绿色包装设计的国家并不多，而且对相关经费的投入也不足，造成只有部分国家可以生产出符合国际绿色环保标准的绿色包装商品，全球的整体水平有待提高。值得注意的是，包装行业中专门从事绿色环保的设计师，人才数量极少，而管理型人才更是匮乏，这将严重阻碍原生态包装行业的发展。

（二）原生态包装绿色环保设计新理念的滞后

原生态包装的目的在于经济与环境和谐发展，因此，其绿色环保设计，也将二者的平衡作为出发点和落脚点，设计的整体强调自然、社会、与人三者的关系，利用包装设计带给消费者直观的视觉冲击，以培养人们的环保意识。每个人对事物的认识来源于受到的教育及过往积累的经验，因此，存在层次上的差异，有的人已经具备了生态保护观念，自然对包装设计倡导的绿色环保理念表示理解与支持；而有的人环保思想还很滞后，他们并不能理解其中的道理，只是停留在浅层次的认知之中。人们的环保意识理念参差不齐，也同样影响绿色环保包装的

❶ 黄少云，田学军，魏风军. 创新理念为食品包装添魅力 [J]. 印刷技术，2012（16）：19~20.

推广和发展，导致目前的绿色环保设计行业发展滞后。比如，有些"原生态包装商品"，只是注重样式的精美，并没有将设计的核心放在绿色包装上。有些设计者自身或许根本不理解绿色包装的真正意义，没有包装技术的明确规范及行业制约，导致这种所谓的绿色包装，成为过度包装、奢侈包装的代名词。

除此之外，绿色环保设计的成本相对较高，这就使得原生态包装的价格不具备竞争优势，因为人们在选择时，往往会首先考虑价格因素，而将绿色环保放在次要位置。因此，价格因素极大地阻碍了绿色设计的发展，也是导致绿色环保设计发展滞后的原因。

（三）原生态包装绿色环保设计忽视了本土特色的传承与创新

原生态包装自身就含有地域及民族文化的特点，在世界经济快速发展的时代下，全球化的经济脚步越来越快，世界的贸易活动越来越频繁。因此，自低碳设计的理念被提出以后，这一理念迅速传遍世界的各个地方，使得原生态包装在世界各地蓬勃发展，也将各自地域文化特色的传播一同带动起来。目前，一些西方国家绿色包装的技术水平领先世界，而且有大量的资金作为经费保障，确保人才队伍的壮大，必然会使得西方国家的原生态包装领先于世界。因此，人们所需要的产品也大多来源于西方，在使用产品的同时，必然会接触到西方的文化及地域特点的冲击，大量的西方理念与文化价值，开始进入人们的视野。这样就导致许多设计师开始片面地追求西方文化的绿色环保设计，而忽略本土文化特色，逐渐迷失了属于自身的设计理念。这样设计出来的产品，只能是重复他人作品的仿制品，没有自身的品牌和文化支撑，注定难以在国际包装市场上占据一席之地。因此，只有坚持自身的民族文化，并将其作为原生态包装设计的出发点和落脚点，在设计中展示出优秀的文化内涵，才能创新自身的民族品牌，才会有独一无二的竞争力，这才是发展原生态包装的必经之路。

第三节 本章研究结论

不同的包装历史背后蕴含着璀璨夺目的民族文化，包装历史所蕴含的生态包装、生态理念也是丰富多彩的。随着社会的不断发展，各种自然环境、文化环境都在发生变化，与人类之间的关系也在不断磨合之中。在这个过程中，传统文化也在进行着颠覆性的发展，人们对于传统文化的认知正在发生改变。因此，如何实现生态与自然之间的和谐平衡，如何协调传统资源的利用以及维持两者之间关系，是摆在现代设计包装设计师面前的首要问题。

传统与现代之间的关系，既对立又相互联系，传统对于现代来说，是一种向下的力量，是一种阻碍发展的强大力量，这种力量对于现代发展是一种阻碍。与此同时，传统与现代之间又具有无法割舍的历史发展关系。传统为现代化的发展奠定了丰厚的物质基础，如果没有传统文化的深厚积淀，那么就不会有现代化的快速发展和丰富多彩。因此，传统和现代之间是相辅相成的关系，两者缺一不可，都是丰厚的无形财富。

遵循自然发展的规律使包装更趋于生态化和自然化，抓住包装发展的时代趋势，唯有这样，生态包装才能够符合时代要求。即使有些设计时尚潮流，但是，并不遵循包装设计的发展规律，破坏自然环境，那么这样的辉煌也只是暂时的。随着人们对于原生态包装的重视，低碳设计理念逐渐加强，一种新的包装设计思想应运而生，这就是绿色环保包装设计。目前，世界各国都已经普遍认可这种理念，在各个环节中加强对于自然环境的关注，不破坏生态环境，包装设计师也从这样的角度开始寻找设计的新思路。低碳设计的时代已经到来，在这种低碳设计理念的引领下，原生态包装将会以创新为基础，以保护资源为原则，创造出更多时尚精彩的设计。

第八章 结 论

本书首先以纸包装材料的相关概念与纸包装结构优化设计的研究综述为理论基础，对包装设计的流程、构思、定位及当代包装设计的创新发展进行简要论述。

在现代包装设计中有多种形式，纸包装设计已经成为主要形式，纸包装设计与其他包装材料相比，具有得天独厚的优势。因此，掌握一定的纸包装结构设计的基础理论、雅图 CAD 软件技术，以及折叠纸盒、粘贴纸盒、瓦楞纸箱、纸浆模塑等设计方法是十分必要的。

全球的纸产量每年都在稳固提升，对于中国来说纸产量增长势头更是迅猛，伴随的是纸材料在各行各业的应用范围不断扩充。如平板产品纸包装设计、电饭煲纸包装设计、仿生结构在纸包装设计中的应用、易碎品纸包装结构设计等。

社会不断发展，科学技术也在日新月异，与此同时，人们的消费理念也在发生着改变。基于物流运输和低碳设计理念下的纸包装结构优化也应当顺应时代的发展，开发出更多的新思路。

纸包装设计要想保持自身内在旺盛的生命力，就要以时代的需求为出发点，利用原有的设计基础，抓住新的历史发展机遇，将创新性思维融入市场营销当中，并向绿色环保的方向发展，以简约的设计、更加人性化的设计，不断研发新的材料和新的工艺，使包装产业迅猛发展，使纸包装能够充分发挥自身的独特优势，将企业宣传和包装设计两者相互融合，进而提高产品的销量。

第一，绿色环保型设计。纸质包装有环保特性，比如，可以回收再利用，分解速度比较快等，能够在一定程度上节约资源。但是，很多纸质材料，尤其是复合板，无法回收，对自然环境造成了无法挽回的损害。所以，绿色环保型发展应该是纸质包装未来的发展方向之一。

第二，简约包装设计。商家有一种误区，如果在包装上多用心思，会让消费者感觉产品买得更有价值，纸质包装设计越来越复杂，所以纸质包装设计要向简约化方向发展。简约主义并不是今天才有的产物，在 20 世纪 80 年代的欧洲就已经出现了设计的简约化趋势，简单的设计更加凸显产品的个性，和传统的设计形成强烈的反差，更加符合现代消费者的喜好。经济持续发展，社会发展正处于巨大的变革时期，生态环境的日益恶化，因为过度消耗自然资源而导致的人与自然之间的对立关系，使人们开始越来越关注保护环境，节约资源。简约设计满足了人们保护环境的心理需求，以及倾向于自然简洁的包装风格需要。消费者的心理变化要求设计者开始思考产品的设计包装，使产品设计更加简洁、清新、自然。

简约自然的设计风格是现代包装设计的主流设计方向，极简的包装结构，用最少的材料和言简意赅的文字，将产品的各种信息传达给消费者。抽象形式的风格更加冷静清晰，没有多余的装饰，使设计师的设计意图得以传达。极其精练简洁的设计风格，使消费者既感受到一种洒脱自然的气息，又能感受到产品所传达出来的强大自信。这样的设计风格一般在设计上具有独特性，在文字的选择上也是慎之又慎，希望通过极简的文字，向消费者传达出产品的信息和理念。设计不断创新严谨的布局和简约的形式，使人们在极短的时间内，就可以准确把握住设计所传达出来的主题。

第三，人性化设计。不管是哪一个行业，人性化设计已经成为目前设计的主流趋势，借助产品来表达对于人的情感关怀，只有在包装设计当中融入对于消费者的关爱，才能够使消费者从内心接受产品。所以，人文因素体现的是人文化的关怀，要将这种人文关怀融入产品的设计当中。

人性化与产品包装相互融合，是所有设计师孜孜不倦追求的终极目标。因为产品包装设计不仅仅是让人们享受基本的功能，还应该符合人们多样化的人性需求，可以享受产品所带来的人文关怀，使人们在使用产品时获得内心满足。人们在使用这些产品时能够在产品当中获得人文关怀，满足情感的需求。在生活当中，轻便快捷的产品设计使人们能够感受到产品所带来的巨大乐趣。

一个好的设计不仅能够满足人们对于产品的需要，而且还要使人的身心健康获得进一步发展，有利于塑造更加完整的人格意义。把消费者的需求作为设计核心，这样的产品包装设计才具有内在强大的生命力，如果没有人作为设计对象，那么设计便没有了发展之源。如果一个产品阻碍了人的身心发展，那么这件设计产品便是一件失败的产品；如果设计产品使人能够感受到舒适安全，身心愉悦，使他们的生活更加完美，那么这件设计产品便是一件成功的产品。

第四，新型纸材料的研发和应用。科学技术的发展日新月异，更多的纸质包装材料应运而生，从而被各行各业广泛应用，并表现出以下几种发展态势。

（1）包装用纸、纸板等向着优质轻量化方向发展。目前很多国家为了保护自然资源，同时为了降低运输花费，越来越多的低定量纸板、纸张获得更多的应用，成为目前的一种发展趋势。在中国凸版印刷纸、新闻纸、纸袋纸等各方面已经开始出现低定量生产，更多优质轻量化的纸质产品被生产出来，被各行各业应用，促进了经济的发展。

（2）研发食品包装专用型纸板。在中国市场上白纸板的品种比较单调，不能根据不同的食品进行包装，无法产生有针对性的食品专用型纸板。很多食品都用的是灰底白纸板来包装，快餐盒、糕点盒都是使用这些材料，这些不抗油的纸板会出现食品渗油的问题，所以，要研究不同的食品专用型纸板来满足包裹不同食物的需求。

（3）发展复合纸袋。人们在生活当中常使用编织袋或者塑料袋来盛装粮食，如果选用双层牛皮纸袋来盛装如小米、大米等食品，有利于环境保护。

（4）研发植物纤维快餐盒。当今社会快速发展，对于快餐的需求越来越旺盛，一次性餐盒使用更加便利，也更加保护环境。但是，纸质快餐盒的大量使用需要更多的森林资源，因此，纸质餐盒可以借助农作物秸秆纤维作为制作材料，这样既可以使生产的成本大幅降低，还可以保护森林资源，使生态环境得到优化，提供更大的社会价值。

（5）蜂窝新型复合包装材料。环保意识已经深入人心，绿色产业飞速发展。在产品包装当中，绿色包装已经成为主要的发展方向，蜂窝纸板、纸芯作为一种绿色材料，在欧美等发达国家已经得到广泛推广。蜂窝纸板、纸芯具有得天独厚的优点，比如，坚固耐用、质量非常轻，可以用在玻璃陶瓷、精密仪器、化纤产品、IT 行业等产品的包装运输上，替代传统的塑料箱、瓦楞纸箱、木箱等包装形式，这种材料造价成本低，是新时期可以广泛推广的新型绿色材料。

参 考 文 献

[1] 王淑慧．现代包装设计［M］．上海：东华大学出版社，2011．

[2] 孙诚．纸包装结构设计［M］．北京：中国轻工业出版社，2015．

[3] 张艳平．产品包装设计［M］．南京：东南大学出版社，2014．

[4] 陈卓．现代包装设计中绿色生态包装材料的研究［J］．住宅与房地产，2018（3）：121．

[5] 何文波，魏风军．组合法在产品创新设计上的应用［J］．包装工程，2009，30（5）：100-101，110．

[6] 侯珍河，魏风军．一款别出心裁的白酒运输展示架［J］．印刷技术，2012（12）：30．

[7] 黄少云，田学军，魏风军．创新理念为食品包装添魅力［J］．印刷技术，2012（16）：19~20．

[8] 孔令远，魏风军．卷对卷宽幅柔印预印管理探析［J］．印刷杂志，2005（3）：54~57．

[9] 孔令远，魏风军．浅析纸盒模切工艺中的三个关键步骤［J］．印刷技术，2009（4）：42~45．

[10] 雷琼．浅谈绿色包装材料［J］．山东化工，2017，46（19）：69~70．

[11] 刘丽萍，魏风军．包装产品的极少主义设计［J］．中国包装工业，2006（8）：53~55．

[12] 刘丽萍，魏风军．试论包装产品的极少主义设计［J］．包装世界，2006（2）：68~70．

[13] 卢斌伟，魏风军，唐明月．瓦楞纸箱模切压痕工艺发展新趋势探析［J］．今日印刷，2015（11）：56~58．

[14] 卢斌伟，魏风军．喷墨印刷与二维码联合推动互联网+在包装印刷行业的新发展［J］．今日印刷，2016（2）：29~31．

[15] 牟信妮，孙诚．节约型社会纸质包装结构设计新策略［J］．包装工程，2015，36（22）：38~42．

[16] 王佳贤．浅谈现代包装造型设计［J］．科学大众（科学教育），2018（10）：128．

[17] 王可．纸盒包装的应用及学习纸盒设计的意义［J］．艺海，2017（11）：151~152．

[18] 王可．纸质包装缓冲件结构的设计思路解析［J］．上海包装，2016（8）：18~20．

[19] 王莉娟．绿色包装材料发展的现状与趋势［J］．建材与装饰，2017（48）：47．

[20] 吴焜，李林．当代包装设计发展趋势研究［J］．艺术教育，2018（9）：173~174．

[21] 阳培翔，谢亚，牟信妮．节约型社会纸包装结构设计应用［J］．包装工程，2013，34（7）：126~129．

[22] 杨光，鄂玉萍．低碳时代的包装设计［J］．包装工程，2011，32（4）：81~83．

[23] 张红波．折叠结构在红酒包装设计中的概念研究［D］．西安：西安美术学院，2016：23~28．

[24] 张敏．仿生结构在纸包装设计中的应用［D］．成都：西南交通大学，2013：15~23．

[25] 张郁，唐丛．产品包装结构设计的功能性分析［J］．湖南包装，2016，31（2）：47~48，56．

[26] 刘春雷，李京点．纸浆模塑包装与循环设计［J］．西部皮革，2018，40（9）：85~86．

[27] 魏风军，孔令远．专色在包装印刷中的应用［J］．印刷杂志，2005（11）：86~87．

[28] 魏风军，卢斌伟．对称与数学结构创意在瓦楞纸箱内衬设计中的应用［J］．今日印刷，

2017（4）：60~63.

[29] 魏风军，肖瑞平. 基于雅图函数语句的折叠纸盒交互式组件设计 [J]. 包装工程，2017，38（7）：115~119.

[30] 魏风军. 行业协会在工业园区产业集群化发展中的作用 [J]. 印刷杂志，2009（5）：41~44.

[31] 魏风军. 酒盒包装材料、加工工艺及其后加工技术探析 [J]. 今日印刷，2017（7）：59~62.

[32] 魏风军. 粮食包装用多层纸/PE牛皮纸袋的工艺、品检及其影响因素 [J]. 今日印刷，2018（6）：48~51.

[33] 魏风军. 浅谈柔性版水性油墨 [J]. 印刷技术，2009（20）：58~59.

[34] 魏风军. 浅析柔印预印用纸张、油墨与辅料 [J]. 中国包装，2013，33（8）：60~63.

[35] 魏风军. 柔版预印中水性光油涂布、柔印操作及柔印品的常见问题与分析 [J]. 中国包装，2013，33（12）：47~52.

[36] 魏风军. 柔性版预印品常见问题与原因分析 [J]. 今日印刷，2018（7）：49~51.

[37] 魏风军. 柔印预印用印刷机、网纹辊、刮墨刀（上） [J]. 中国包装，2013，33（9）：66~69.

[38] 魏风军. 柔印预印用印刷机、网纹辊、刮墨刀（下） [J]. 中国包装，2013，33（10）：72~74.

[39] 魏风军. 柔印预印制版及其工艺流程浅析 [J]. 中国包装，2013，33（6）：65~67.

[40] 魏风军. 柔印预印中印前制版及柔印油墨的常见问题与分析 [J]. 中国包装，2013，33（4）：68~71.

[41] 魏风军. 三原色色料调配专色油墨印刷在纸包装行业的应用探析 [J]. 今日印刷，2018（2）：62~64.

[42] 魏风军. 瓦楞纸箱抗压强度的计算与抗压性能测试 [J]. 印刷技术，2008（24）：29~31.

[43] 魏风军. 瓦楞纸箱柔印预印的发展、印刷特点及其工艺策划 [J]. 中国包装，2014，34（1）：44~48.

[44] 魏风军. 瓦楞纸箱预印渐入佳境 [J]. 印刷工业，2013，8（7）：80~81.

[45] 魏风军. 我国包装工业园区集群化发展中地方政府的职能探讨 [J]. 中国包装，2009，29（2）：17~19.

[46] 魏风军. 纸包装企业全面质量管理应关注的四大层面 [J]. 今日印刷，2018（3）：62~64.

[47] 魏风军. 纸盒的烫印工艺及其影响因素分析 [J]. 印刷技术，2009（4）：48~50.

[48] 弓萱漪. 论纸包装设计中的应用技术美 [D]. 西安：西北大学，2014：11~31.

[49] 魏风军. 酒类商品适度包装更经典 [N]. 中国新闻出版广电报，2015-08-10（D02）.

[50] 魏风军. 网购快递应当推行"恰当包装" [N]. 中国新闻出版广电报，2015-10-12（D02）.

[51] 魏风军，贾秋丽，刘浩. 绿色包装领域核心文献、研究热点及前沿的可视化研究 [J]. 包装学报，2016，8（4）：1~7.

[52] 魏风军，陆秋杏，邓晓霞，等．用德国"工业4.0"变革国内纸包装行业 [J]．今日印刷，2015（11）：39~42.

[53] 王晓萌．产品包装绿色设计的研究 [D]．北京：华北电力大学，2017：5~13.

[54] 申丽丽．纸材料包装开启方式宜人化设计研究 [D]．沈阳：沈阳航空航天大学，2017：5~20.

[55] 陈沈慧．兼具运输和展示功能的纸包装结构设计及应用实例 [D]．无锡：江南大学，2008：10~20.